# TRAITÉ



## LE CHAUFFAGE DES SERRES

ET DES HABITATIONS,

AU MOYEN

### D'APPAREILS A LA VAPEUR.

Ce Traité contient une solution de la question suivante, proposée par la Société des Sciences de Haarlem :
*Le mode présentement en usage en Angleterre pour chauffer de grandes serres au moyen d'appareils à la vapeur, est-il susceptible d'être appliqué avec avantage à ce pays-ci et à des serres de moindres dimensions, et quels sont, dans ce cas, les appareils et établissemens les plus propres à cet effet ?*

Ce Traité a obtenu, le 12 mai 1824, la médaille d'or proposée par ladite Société, pour la solution de cette question.

PARIS. — IMPRIMERIE DE FAIN,
RUE RACINE. N°. 4, PLACE DE L'ODÉON.

# TRAITÉ

## THÉORIQUE ET PRATIQUE

SUR

## LE CHAUFFAGE DES SERRES

### ET DES HABITATIONS,

AU MOYEN

## D'APPAREILS A LA VAPEUR;

Traduit de l'anglais de M. Bayley, et du hollandais
de M. G. Moll,

Par M. L. . . . .

## PARIS.

AUDOT, LIBRAIRE-ÉDITEUR,

RUE DES MAÇONS-SORBONNE, N°. II.

1826.

# TRAITÉ

SUR

## LE CHAUFFAGE DES SERRES
### ET DES HABITATIONS,

AU MOYEN

## D'APPAREILS A LA VAPEUR.

Il est en ce moment, pour les personnes qui s'intéressent aux progrès des sciences, peu d'objets qui méritent davantage de fixer leur attention, que les étonnantes propriétés de la vapeur de l'eau dans l'état d'ébullition.

Ce procédé met à notre disposition une nouvelle force motrice dont l'application, variée à l'infini, et les utiles résultats attachent à cette découverte des avantages d'une étendue et d'une importance inappréciables (1).

(1) Voyez ce que dit le célèbre Jefferey au sujet de la puissance de la vapeur et des avantages de cette

Comme puissance mécanique, la vapeur produit des effets extraordinaires. Par ce véhicule, des vaisseaux voguent contre vent et marée ; des fabriques des tissus les plus fins sont mises en activité ; des masses d'un dur métal sont laminées ou réduites par la filière en un fil d'archal de la finesse d'un fil de toile d'araignée.

Les propriétés chimiques de la vapeur ne sont pas moins fécondes en applications utiles. On la fait servir, en grand, à la préparation des médicamens (1), à la cuisson des alimens, au chauffage des appartemens. Dans nombre de fabriques, en Angleterre, ce procédé a remplacé le mode de chauffage ordinaire, et chaque jour l'usage en acquiert une nouvelle extension.

---

découverte, en Angleterre, dans son *Éloge de James Watt.*, *Journ. of Roy. Inst.*, 1, 8, p. 156, et *Thomson's Annals of Nat. Philos.*, 1, 14, p. 509.

(1) Voyez dans le *Journ. of the Roy. Inst.* du mois de janvier 1824, vol. 16, la description de l'appareil en usage à la salle des apothicaires de Londres, pour la préparation, en grand, des diverses espèces de médicamens.

Dans la GrandeBretagne, le procédé de la vapeur s'emploie avec non moins d'avantage pour chauffer les serres, les salles à incubation artificielle et les orangeries. Des établissemens de cette espèce, formés à Saint-Pétersbourg, d'après les mêmes principes, y ont parfaitement réussi malgré l'intensité du froid.

La société des sciences de Harlem propose la question de savoir si et jusqu'à quel point ce mode de chauffer les serres peut être employé avantageusement en Hollande, et elle demande une solution approfondie de cette question. Je vais m'efforcer de répondre à cet appel (1).

D'après une grande expérience des effets de la vapeur appliquée à des machines de toutes les espèces, je suis pleinement persuadé que le mode de chauffage à la vapeur

---

(1) Comme il ne s'agit ici que d'un traité pratique, nul ne peut certainement mieux que M. Bailey remplir les vues de la Société. Les principaux établissemens du chauffage à la vapeur, qui existent en Angleterre, tels que ceux du fleuriste Loddiges, de M. Gray et du comte d'Essex, sont placés sous sa surveillance immédiate.      (*Note du traducteur.*)

des serres, des fabriques et des habitations
particulières, en usage en Angleterre, est
susceptible des mêmes avantages en Hollande, et que l'établissement peut s'en faire
sur une échelle réduite, comme sur une
grande. Toutefois est-il certain que plus
cette échelle sera étendue, et plus ces avantages seront sensibles (1). Je ne saurais
mieux atteindre l'objet que s'est proposé, à
cet égard, la société, qu'en lui soumettant
la description de deux appareils qui, depuis
quelques années, employés au chauffage à
la vapeur des serres, l'un sur une grande
échelle, l'autre sur une petite, n'ont cessé
de répondre au but de leur établissement,
et contiennent en eux le principe des perfectionnemens que pourrait exiger leur *minimum* de réduction possible. D'après ce, je
puis fournir des renseignemens convenables

---

(1) Ce mode de chauffage à la vapeur serait certainement employé avec avantage par quelques-uns de
nos principaux botanistes et *incubateurs*, tels, notamment, que ceux de Sousbeck, de Rupelmonde, de
Hartckamp et de Westermeer.

sur les plantes qui ont été cultivées à l'aide de ces appareils, ainsi que sur l'amélioration résultée pour ces mêmes plantes de l'introduction de ce nouveau procédé, et enfin des observations générales sur les différens avantages que présente l'application de la vapeur pour le chauffage des diverses sortes de serres.

## § II.

Le grand appareil, en activité (1) depuis trois ans, sert au chauffage de plusieurs espèces de serres dont voici la nomenclature :

---

(1) Savoir : à la maison de campagne de **M.** Steph Grey, marchand de toiles, à Londres, située à Hornsey, où j'ai vu cet appareil en pleine activité. Le propriétaire et son jardinier me témoignèrent leur satisfaction de cette machine. M. Loddiges, fleuriste à Hammersmith, porta le même témoignage de celles qui sont en usage dans son établissement.

| SERRES. | LONGUEUR. | | LARGEUR. | | CAPACITÉ. | |
|---|---|---|---|---|---|---|
| | pieds. | pouc. | pieds. | pouc. | pieds cubes. | |
| Une orangerie. . . . . . | 67 | 3 | 17 | 6 | 15,889 | 6 |
| Une serre chaude. . . . | 48 | 3 | 16 | 9 | 9,428 | 7 |
| Une d°. à pêches. . . . | 59 | 6 | 9 | 8 | 4,026 | 2 |
| Une d°. à fraises. . . . | 59 | 6 | 4 | » | 595 | » |
| Une serre ordinaire. . . | 17 | » | 16 | 10 | 2,760 | 3 |
| Une d°. à raisins précoces. . . . . . . . . | 17 | » | 16 | 10 | 2,766 | 3 |
| Une d°. à ananas. . . . | 52 | 5 | 13 | 6 | 2,479 | 8 |
| Une d°. pour toute espèce de légumes. . . | 33 | 4 | 13 | 2 | 1,316 | 6 |
| Une d°. à raisins. . . . | 30 | » | 18 | 8 | 4,200 | » |
| Une d°. . . . . d°. . . . | 31 | » | 18 | 8 | 4,340 | » |
| TOTAL. . . . . | | | | | 47,808 | 5 |

pieds cubes; le tout mesure d'Angleterre (1).

Toutes les serres sont en bois, avec des châssis de la même matière (2). Deux chau-

----

(1) Le pied cube anglais est de $0^m,305$.

(2) L'auteur annonce ici que chez **M.** Gray, les serres et les châssis sont en bois. Dans d'autres établissemens,

dières placées à une certaine distance et isolées des serres, servent à la génération de
la vapeur, laquelle est conduite delà par
des tuyaux de fer dans l'intérieur de ces
serres. On ne se sert guère que d'une seule
de ces chaudières à la fois; l'autre est desti-
née à la remplacer au cas où celle-ci viendrait à avoir besoin de réparations. La planche I, *a*, et la feuille *b* indiquent le plan
de ces serres, des tuyaux et de l'emplacement des chaudières.

---

par exemple, chez le fleuriste Loddiges, les serres ne
sont qu'en fer et en verre, genre de construction qui
réunit beaucoup d'avantages, et mérite d'être généralement connu dans nos provinces septentrionales.
M. Bailey a obtenu en Angleterre une patente pour la
fabrication des châssis en fonte (*patent fash bar*)
dont se composent ces serres. Les châssis en fer sont
particulièrement propres à l'usage des cuisines, des
hôpitaux, des casernes, etc. M. Bailey a découvert un
procédé pour établir des ventilateurs dans des fenêtres
d'église d'une grande élévation; invention qui pourrait être appliquée utilement dans celles de nos églises où l'on enterre les morts. Voyez la description, et
les dessins de ce procédé dans les *Transactions of the
Society for encouragement of arts, sciences and commerce.*                    ( Note du traducteur. )

Le plus petit des appareils dont je viens de parler sert à chauffer une serre et deux bacs à ananas. Le principe est le même ; mais son application est faite sur une plus petite échelle. La chaudière dont la planche II présente le dessin est d'une construction plus simple que celle du précédent.

Dans la description de ces appareils, j'indiquerai d'abord les matériaux dont on peut les composer avec le plus d'avantage, et prémunirai en même temps les botanistes contre l'usage de certaines autres matières que l'on pourrait être tenté de leur substituer, mais que l'expérience a fait reconnaître comme étant nuisibles ou moins convenables.

La vapeur est ici l'agent essentiel qui sera employé pour chauffer. Cette vapeur est conduite par des tuyaux de fer, même à de grandes distances, jusqu'au local que l'on se propose de chauffer, et c'est de ces tuyaux remplis de vapeur qu'émane la chaleur qui delà se répand dans les serres, ateliers, caisses, etc. (1). C'est ici le lieu de toucher

_______________

(1) Il était nécessaire de démontrer clairement que

quelques mots sur la vapeur même et sur sa puissance calorique.

L'eau, lorsqu'elle a, sur une hauteur barométrique de 760$^{mm}$., atteint une température de 212° de Fahrenheit, commence à entrer en ébullition, et s'élève avec force, résoute en une vapeur qui, dès qu'elle s'échappe de la surface de l'eau, possède une puissance de pression semblable à celle de l'atmosphère, et une température de 212°. Dans des vaisseaux ouverts, ni l'eau, ni la vapeur qui s'en élève, ne sauraient acquérir une chaleur plus vive que celle de 212°. (1).

---

la vapeur chauffe les tuyaux de fer, lesquels, à leur tour, communiquent la chaleur à l'air qui les environne ; car plusieurs personnes se sont imaginé à tort que c'est la vapeur même qui s'introduit dans les locaux que l'on chauffe. C'est, en effet, de cette dernière manière que l'on était autrefois dans l'usage de chauffer les bacs à incubation, ce dont il sera parlé ultérieurement dans le cours de cet ouvrage.

(1) Bien entendu quand la pression de l'atmosphère ne varie pas. Si le baromètre est

          à 750°, l'ébullition est à 211° 5 de F ;
          à 740. . . . . . . . . . . à 212  7        »
          à 730. . . . . . . . . . à 210  »        »
          à 720. . . . . . . . . . à 206  5        »

Mais l'eau chauffée dans des vaisseaux fermés acquiert bientôt une chaleur et une force de pression beaucoup plus considérable. Les chaudières, tant celles qui servent au chauffage à la vapeur, que celles en usage dans les machines à vapeur ordinaires, sont fermées afin que la vapeur puisse acquérir la force de pression et la chaleur requises.

On sent qu'il importe de connaître l'état de la vapeur contenue dans ces chaudières fermées, tant sous le rapport de la température que sous celui de la force de pression; sous le rapport de la température, car c'est de ce point que dépend le degré de chaleur qu'obtiendront les tuyaux de vapeur, et, par ce moyen, les locaux que l'on veut chauffer; sous le rapport de la force de pression, afin que

---

Le 25 décembre 1822, lorsqu'à Utrecht le baromètre était descendu à

    715,8, l'ébullition était déjà à 209°,1 de Fahr,

    à 770, elle est. . . . . . . . à 212 ,7

et à 784 . . . . . . . . . . . à 213 ,3

Ainsi il existe ici, dans la chaleur qui fait bouillir l'eau, une différence d'environ 4 deg. de Fahr.

        ( *Note du traducteur.* )

la vapeur ne devienne pas surabondante et
n'expose pas par là la chaudière à faire explosion. Il sera facile, au moyen du procédé
suivant, de connaître exactement cette force
de pression. Au tuyau de vapeur, immédiatement à sa sortie de la chaudière, ou bien à
la chaudière même, on visse fortement et
hermétiquement un tube de fer de la forme
d'un siphon renversé : les extrémités A et C
de ce tube communiquent, la première, avec
la vapeur, dans l'intérieur de la chaudière;
l'autre, avec l'air extérieur. La partie AB a
environ 1 pied 8 pouces ( $7^{m}$, $51$ ) de longueur, sur environ $\frac{1}{4}$ de pouce ( $7^{mm}$ )de diamètre. On verse dans ce tube un peu de
mercure. Cette substance, tant que la vapeur
contenue dans l'intérieur de la chaudière
n'a pas acquis une force de pression plus
haute que celle de l'air atmosphérique, c'est-
à-dire lorsque la chaudière remplie d'eau
en ébullition est découverte, se tiendra de
niveau dans les deux branches du tube. Faites
entrer dans une de ces branches, et jusqu'à
la surface du mercure, en E C, une petite
baguette d'une longueur telle que, lorsque la

chaudière est ouverte , et qu'ainsi la vapeur a la même force de pression que l'atmosphère, l'extrémité supérieure de cette baguette se trouve de niveau avec le point O de l'échelle de cuivre **CD** , placée à l'ouverture du tuyau de fer, et sur laquelle sont marqués 8 pouces, mesure anglaise. Si maintenant on ferme la chaudière , la vapeur qu'elle contient fait éprouver , par l'ouvertnre **A**, au mercure qui se trouve dans le tube, une pression plus forte que celle qu'exerce l'air atmosphérique par l'ouverture **C**. Dès lors le niveau n'existe plus dans les deux branches de ce tube ; le mercure s'élève en **E**, et baisse en **F**. Par là , la baguette montera, et son extrémité extérieure, qui d'abord répondait à O° de l'échelle de cuivre , montera à 1, 2, 3, etc., et jusqu'à 8 pouces, tandis que la pression de la vapeur venant à diminuer de nouveau dans la chaudière, le mercure tendra à reprendre son niveau dans les deux branches du tube ; ainsi la baguette indiquera contre l'échelle l'état de la force de pression de la vapeur contenue dans la chaudière ; mais, il y a plus , la baguette annoncera exactement

de combien de livres par pouce carré sera
l'effet de la pression de la vapeur, du dedans
au dehors, contre les parois de la chaudière,
et, par conséquent, le degré de pression
que ces mêmes parois ont à tout moment à
subir. Dans l'état barométrique ordinaire
de 30 pouces anglais $= 761^{mm}.\ 2$, la pression de l'atmosphère est à raison de 15 liv.
( avoir du poids ) par pouce carré. Lorsque
l'eau est en ébullition dans la chaudière *ou-*
*verte*, la pression de la vapeur contre les
parois intérieurs de celle-ci est aussi forte
que celle de l'air extérieur, et ces deux pres-
sions se trouvent en équilibre. Mais lorsque
la vapeur acquiert dans la chaudière *fermée*
une force de pression plus grande que celle
de l'air extérieur, dans cet autre cas, l'ef-
fort de la pression contre les parois de cette
chaudière, a lieu du dedans au dehors,
avec la différence existant entre la pression
de la vapeur et celle de l'atmosphère, sur
chaque pouce carré de la surface des parois
de la chaudière ; en sorte que si la vapeur
avait acquis une force de pression double de
celle de l'atmosphère, et se trouvait ainsi

marquée par une élévation de 60 pouces du
mercure, alors la pression agirait du dedans
au dehors, à raison d'une force de 15 liv. par
pouce carré de la chaudière ; et, dans ce cas,
la baguette dont nous venons de parler de-
vrait monter de 15 pouces ; car le mercure
aurait, d'une part, baissé de 15 pouces dans
la branche FB, et haussé de 15 pouces dans
la branche EG, dans laquelle plonge le petit
bâton : la différence de niveau serait donc
de 30 pouces. L'atmosphère pèserait sur l'extrémité ouverte C d'une force représentée
par 30 pouces de mercure. Ces 30 pouces,
ajoutés à la différence de niveau entre les
deux bras du tube, donnent les 60 pouces de
mercure qui représentent la force de pression de la vapeur dans l'intérieur de la chaudière. Ainsi on voit qu'une augmentation
de 15 liv. dans la force de pression de la vapeur ferait monter la baguette de 15 pouces,
si l'échelle CD était assez longue. Mais les
fluides pèsent en raison de leur hauteur ;
ainsi l'augmentation de pression sur chaque
pouce carré fera monter la baguette dans
la proportion d'un pouce pour une livre, de

deux pouces pour deux livres , etc., toujours à raison d'un pouce pour chaque augmentation d'une livre par pouce carré. Si donc, lorsque la chaudière est en ébullition, on voit la baguette se tenir à 5 pouces , on jugera que la pression de la vapeur , du dedans au dehors , opère à raison de 5 liv. ( avoir du poids ) par chaque pouce carré. L'échelle **CD** ne va pas au delà de 8 liv. , parce qu'on ne veut pas donner à la vapeur une force de pression plus grande que celle qui excède la pression de l'atmosphère de 8 liv., au plus , par pouce carré ; et on se trouvera rarement , et seulement dans les hivers froids, dans la nécessité de donner une semblable force de pression à la vapeur. En général, on peut obtenir une chaleur suffisante quand la baguette annonce $4\frac{1}{2}$ pouces sur l'échelle, et il arrive souvent qu'une force de pression de la vapeur encore moindre suffit pour l'usage ordinaire, et qu'elle peut être réduite, par exemple, de $2\frac{1}{2}$ à 3 pouces.

L'usage de cet indicateur n'offre aucune espèce de difficulté. Lorsque la chaudière est ouverte ou refroidie, on verse du mercure

dans l'ouverture C. On plonge dans cette ouverture et jusqu'au mercure une baguette
dont l'extrémité supérieure touche au zéro
de l'échelle. Voilà en quoi consiste toute cette
partie de l'appareil. Si on veut ne pas mettre
du mercure dans le tube, et ainsi se passer
de l'indicateur, comme cela arrivera souvent, on n'a qu'à fermer le robinet. Du
reste, ces indicateurs sont adaptés à presque
toutes les chaudières à petite pression, quelles
qu'elles soient, qui servent au chauffage à la
vapeur (1).

Pour connaître le degré de température de
la vapeur dans la chaudière, on met un thermomètre en contact avec la vapeur, de manière à ce que la chambre de cet instrument
plonge dans la chaudière, et que le tube ainsi
que l'échelle se trouvent en dehors. Il suffit
que ces thermomètres marquent de 120 à
250 degrés, et soient divisés en demi-degrés;
ainsi ils peuvent être très-courts : il n'est
pas nécessaire que l'échelle ait plus de quatre

---

(1) Voyez l'emplacement de l'*Indicateur*, sous la
lettre A, fig. 3.

pouces de longueur ; mais on peut se passer
entièrement de thermomètre ; car on sait que
quand la baguette de l'indicateur de la vapeur est à un pouce d'élévation, la température de la vapeur

est. . . . . . entre 215 et 216°. F.
     à 2 pouc. . . . 218 et 219
     à 3 p. . . . . . 221 et 222
     à 4 p. . . . . . 224      »
     à 5 p. . . . . . 226 et 227
     à 6 p. . . . . . 229 et 230
     à 7 p. . . . . . 231 et 232
     à 8 p. . . . . . 233 et 234 (1).

Ainsi l'indicateur suffit, dans la pratique,
pour faire connaître assez exactement la température de la vapeur.

Les chaudières doivent être faites en fer
battu ou en cuivre. Les chaudières en cuivre
coûtent beaucoup plus que celles en fer ; mais
aussi elles durent plus long-temps, et lorsqu'elles se trouvent hors de service elles
conservent encore quelque valeur. La plan-

_______________

(1) Voyez Joung *Lectures on nat. phil.* , t. II, p.

2

che III donne la coupe des chaudières et de l'appareil qui lui appartient. C'est cette sorte de chaudières que Watt appelle *waggon boiler*, à cause de sa forme qui ressemble un peu au comble des chariots de roulage anglais. Les chaudières décrites dans la planche III, et dont une sert aussi à chauffer les caisses et les serres mentionnées ci-dessus, et contenant ensemble 47,808 pieds cubes, ont toutes deux 10 pieds ($3^m$.) de longueur. L'une a 5 pieds ($1^m 5c.$) de largeur, et 4 pieds ($1^m 2c.$) de hauteur. Sa contenance est de 1,057 gallons (141 pieds cubes), ou 40 hectolitres d'eau; l'autre, plus étroite, ne contient que 682 gallons $= 26$ hectolitres, ou 91 pieds cubes. La petite chaudière, déjà suffisante pour donner toute la chaleur requise pour les serres, sert principalement en été lorsqu'il n'est pas nécessaire de chauffer toutes les serres. On ne fait guère usage de la grande chaudière qu'en hiver. Le tout est si bien combiné, et donne une telle surabondance de vapeur, que M. Gray a l'intention de faire, en outre, chauffer de ce produit, au moyen de nouveaux tuyaux adaptés aux chaudières, le vaste vestibule et le grand escalier de son habitation.

Dans l'établissement de Loddiges, fleuriste, situé à Hackney, où les tuyaux qui servent à chauffer les serres, etc., ont plus d'un mille anglais ( 1609$^m$. ) de longueur, on voit deux chaudières de 20 pieds de longueur sur 6 pieds de largeur et de hauteur, et dont la contenance totale est par conséquent d'environ 700 pieds cubes : ainsi ces chaudières pourront contenir à peu près 400 pieds cubes d'eau.

Afin de pouvoir pénétrer dans la chaudière pour la nettoyer, on y a pratiqué une ouverture B, appelée *manhole* en anglais. Cette opération a lieu de temps à autre pour enlever un sédiment de substance croûteuse, qui se forme au fond de la chaudière, et qui ressemble à celui que l'on remarque parfois dans les théières. Cette croûte empêche la chaleur de pénétrer aussi promptement qu'il le faut à travers le métal de la chaudière. Dans ce cas on est obligé d'augmenter le feu, et le fond de la chaudière, qui se trouve séparé de l'eau par le sédiment dont il s'agit,

se corrode plus facilement et plus promptement à l'action du feu.

Si on peut se procurer de l'eau qui con-
tienne peu ou point de sel, le dépôt au fond
de la chaudière sera moins considérable (1).
Mais pour empêcher que ce dépôt ne se
forme, on met dans la chaudière, avec l'eau,
des pommes-de-terre, dont la quantité est
calculée à raison de 1 pour cent du poids de
celle-ci. Les pommes-de-terre ne tardent pas
à se convertir en bouillie, et à composer
avec l'eau un fluide muqueux auquel les sels
qui pourraient se trouver dans cette eau,
restent comme suspendus, et qui, par conséquent, ne peuvent pas se précipiter et s'at-
tacher au fond de la chaudière. Quand on
fait un usage continuel de celle-ci, on y

---

(1) L'eau de puits ou de pompe contient ordinairement de l'acide carbonique de chaux qui s'attache fortement au fond de la chaudière. Ainsi il vaudra mieux
employer de l'eau de rivière ou de fossés que de l'eau
de pompe, et surtout les eaux dans lesquelles croissent
des plantes aquatiques. L'eau de pluie, quand on peut
s'en procurer, est la meilleure de toutes.

met chaque mois de nouvelles pommes-de-terre (1).

Il importe surtout que le gril soit spacieux, afin de pouvoir contenir une grande quantité de combustible, de manière à ce que, excepté dans les hivers rigoureux, le feu puisse être entretenu sans interruption depuis le matin jusqu'au soir.

Une clef mobile ( planche 3, lettre C ) sert à régulariser et à tempérer l'action du feu.

On voit aussi dans la même planche comment la fumée et la flamme ne s'élèvent pas immédiatement du fourneau dans la cheminée, et comment l'une et l'autre circulent auparavant autour de la chaudière. Cette partie du procédé a pour objet de tirer le plus grand parti possible de la chaleur, pour chauffer l'eau qui se trouve dans la chaudière. La planche II indique d'une manière plus positive encore, la circulation de la vapeur et celle de la flamme. Afin de faciliter l'expansion du calorique, et de diminuer la masse de

_____________

(1) *Journal of the royal Institution*, tom. XIV, pag. 444.

la fumée, on **a** établi à l'intérieur du foyer
la soupape **D** ( pl. III ), au moyen de laquelle
on y introduit l'air extérieur, et on active
la combustion. La cheminée doit être élevée ;
par cet autre moyen, on économise le combustible, et, en même temps, on diminue la
fumée (1).

La chaudière est entourée en son entier,
à l'exception de sa partie supérieure, d'une
maçonnerie destinée à retenir la chaleur. La
quantité d'eau doit être calculée à raison de
la moitié ou des deux tiers de la contenance
cubique de la chaudière (2).

Nous avons vu ci-dessus que la grande
chaudière contient 141 pieds cubes d'eau, et
la petite 91. Quand on suppute la puissance
des machines à vapeur par la force des chevaux, on l'évalue ordinairement à raison de
vingt pieds cubes d'eau pour la force d'un

---

(1) Tredgold, dans son bel ouvrage sur le Chauffage à la vapeur, indique des règles relativement à la
hauteur et à la largeur à donner aux chaudières.

(2) Suivant Tredgold, la chaudière doit être à
moitié remplie d'eau.

cheval ; ainsi l'une des chaudières de M. Gray équivaudrait à une chaudière à vapeur de la force de sept chevaux, et l'autre, à une chaudière d'une force moindre que celle de cinq chevaux.

Suivant le même principe, la chaudière de Loddiges est de la force d'environ vingt chevaux. Je crois devoir indiquer ici la comparaison entre la grandeur des chaudières et une force de chevaux donnée, afin que les naturalistes qui désireraient se procurer des chaudières, puissent déterminer la capacité qu'elles devront avoir.

Je dois toutefois faire observer que tous les ingénieurs ne donnent pas la même quantité de pieds cubiques d'eau pour une force de cheval : quelques-uns en donnent 25, d'autres moins de vingt (1).

On a différens appareils pour pouvoir juger s'il y a une quantité suffisante d'eau dans la chaudière. Le plus généralement en usage

---

(1) *Voyez* Buchanan, *Practical and descriptive essay of the economy of combustible and employement of heat.* Glascow, 1810.

consiste en deux robinets placés , l'un un peu plus haut que l'autre , sur le devant de la chaudière. Ces robinets ouverts doivent donner, le robinet inférieur, de l'eau, l'autre, de la vapeur. Le premier donne-t-il de la vapeur, c'est un signe qu'il y a peu d'eau; le second donne-t-il de l'eau , c'est une preuve qu'il se trouve trop d'eau dans la chaudière.

La planche III indique un autre appareil ( F et E ) qui sert aux mêmes fins. Une plaque de pierre ( F ) est suspendue dans l'intérieur de la chaudière , par un fil d'archal dont le bout opposé sort de celle-ci, et va se rattacher à une corde engagée à deux replis autour d'une poulie E. A l'autre extrémité de cette corde pend un contrepoids ; en sorte qu'il y a équilibre lorsque la pierre P se trouve à la surface de l'eau. Au point E , où la corde est engagée, on place un indicateur dont l'aiguille se meut sur une plaque à divisions métriques. L'eau baisse-t-elle ou monte-t-elle dans la chaudière , la plaque de pierre doit aussi descendre ou monter ; mouvement qui, en faisant tourner l'aiguille de l'indicateur, la dirige sur le point qui indique la véritable hauteur de l'eau dans la chaudière. On voit que ce procédé est fondé sur le même principe que celui du baromètre à bascule ou à roue.

Pour faire en sorte que la chaudière soit constamment pourvue d'une quantité d'eau suffisante, on emploie l'appareil suivant :

Au-dessus des colonnes de fer fondu IK, LM, et contre le mur de la cheminée, repose le réservoir d'eau destiné à alimenter la chaudière ; ce réservoir doit être rempli une ou deux fois par jour.

Une plaque P et un contrepoids Q indiquent par leur mouvement inverse, au moyen d'un cadran fixé contre la cheminée, s'il est ou non nécessaire de mettre de l'eau dans le réservoir.

Une autre plaque de pierre est suspendue dans la chaudière par un fil d'archal qui en sort par l'étui H. Ce fil de fer passe par le tube de fer O, à travers le réservoir, s'attache en S, à une des extrémités d'un levier dont le point d'appui est T. A l'autre bout de ce levier est le contrepoids V, lequel peut être reculé ou avancé au besoin, et qui s'élève lorsque la diminution de l'eau fait descendre la plaque de pierre.

Le tuyau de fer $a\,b$, est ouvert à chacune de ses extrémités. L'extrémité $a$ s'élève au-dessus du réservoir ; l'extrémité recourbée $b$, descend jusqu'à quelques pouces du fond de la chaudière.

En $c$ est un petit tuyau qui, s'embranchant avec le tuyau de fer $ab$, va, en formant un coude, aboutir en $d$ dans l'intérieur du réservoir. L'embouchure de ce petit tuyau est hermétiquement fermée par un piston de forme conique qui, au moyen d'un fil d'archal, est assujetti en Z au levier VS.

Or, quand l'eau diminue dans la chaudière, la plaque G descend d'autant. Par là, le levier SV se meut sur son point d'appui T, et le poids V monte. Mais, en même temps, le point Z du levier suit le mouvement du poids V ; le piston sort de l'embouchure du petit tuyau $cd$, et l'eau coule par ce tuyau, et delà, par le grand tuyau $ab$, du réservoir dans la chaudière, qu'il remplit. Alors la plaque de pierre remonte ; le levier reprend son premier niveau, et le contrepoids V fait redescendre le piston dans l'embouchure du tuyau *cd*, lequel reste fermé jusqu'à ce que la chaudière se trouve de nouveau avoir besoin d'être alimentée.

Il ne serait pas difficile de mettre en rapport avec l'ensemble de cet établissement, un appareil au moyen duquel la vapeur, après avoir rempli ses fonctions, comme agent du chauffage, se condense et se reproduit en eau chaude dans la chaudière ; dans ce cas, la consommation de l'eau se trouverait de beaucoup réduite. Si l'occasion s'en présente, on pourra aussi tenir le réservoir constamment alimenté d'eau de pluie provenant des toits ; et, dans cet autre cas, on aura, en outre, l'avantage de pouvoir remplir la chaudière de l'espèce d'eau qui dépose le moins.

Mais la destination du grand tuyau d'alimentation, ne se borne pas uniquement à pourvoir d'eau la chaudière ; il a encore pour objet d'empêcher que la vapeur ne puisse jamais exercer contre les parois de la chaudière un degré de pression qui pourrait de-

venir dangereux. Nous avons fixé le maximum de puissance de notre chaudière, à raison de huit livres, *avoir du poids*, par pouce.
carré anglais. Si la force de pression de la
vapeur excède ce maximum , l'eau refluera
par l'ouverture $a$, et, par ce moyen, la chaudière se trouvera allégée de tout l'excédant
de force de la vapeur.

Pour bien comprendre cette opération , il
faut se ressouvenir que l'air atmosphérique
pèse sur une surface donnée , d'un poids re-
présenté par une colonne d'eau de 32 pieds
ou 10, 5$^m$., ou par une colonne de mercure
de 30 pouces , ou 762$^{mm}$. Or si , dans la
chaudière , la vapeur acquiert une force de
pression plus grande que celle de l'atmo-
sphére, la pression qu'elle exerce sur la surface de l'eau fera remonter celle-ci dans le
tube $a$, $b$, jusqu'au point où la pression de
l'atmosphère , joint à la pression de la colonne d'eau qui se trouve élevée dans le tube
au-dessus de la surface du fluide existant
dans la chaudière , sera égale à la force de
pression que la vapeur aura acquise. Ainsi
l'eau devra monter dans le tuyau d'alimenta-

tion jusqu'à une hauteur de 32 pieds, avant que les parois de la chaudière ne puissent subir, du dedans au dehors, une pression semblable à celle de l'atmosphère, c'est-à-dire de 15 livres par pouce carré. Mais la pression des fluides s'exerce en raison de leurs hauteurs. Par conséquent, si dans le tuyau $ab$, une colonne d'eau, de la hauteur de 32 pieds, produit une pression de 15 liv. par pouce carré sur la superficie de la chaudière, une hauteur de 16 pieds occasionera une pression de 7 livres $\frac{1}{2}$ par pouce carré, et une hauteur de 10 pieds, une pression de 4 $\frac{1}{2}$ à 5 livres par pouce carré. Si, maintenant, la longueur du tuyau d'alimentation n'est que de 16 pieds au-dessus de la surface de l'eau qui est dans la chaudière, il arrivera certainement, lorsque la force de pression de la vapeur deviendra plus considérable, que l'eau refluera d'elle-même hors de ce tuyau, et, par ce moyen, allégera la chaudière. La hauteur $ab$ du tuyau d'alimentation, au-dessus de la surface de l'eau existant dans la chaudière, doit servir à déterminer le degré de pression auquel on veut soumettre les parois de la chaudière. Il convient que la largeur de ce tuyau soit telle qu'au cas où la vapeur viendrait à acquérir une force de pression dangereuse, l'eau puisse en sortir assez promptement pour que la chaudière se trouve allégée avant que la force de pression de la vapeur gagne sensiblement d'intensité. Il a été reconnu qu'un diamètre de 3 pouces suffisait pour cet objet.

Les chaudières, avant d'être montées, sont ou doivent toujours être soumises à l'épreuve d'une pression triple de celle qu'elles auront à subir. Si donc on établit le maximum de pression à raison de 8 livres par pouce carré, la chaudière devra être, au préalable, essayée au prorata de 24 livres par pouce carré. Mais il sera rarement nécessaire, et même, dans nombre de cas, dangereux de donner à la vapeur une force de pression de plus de 4 livres par pouce carré.

Le système des tuyaux, à la fois d'alimentation et de sûreté, dont nous venons de donner la description, repousse jusqu'à l'idée que les chaudières puissent faire explosion.

L'usage de ces tuyaux dispense de celui des soupapes de sûreté, et on peut, par cette raison, les supprimer. Toutefois on ajoute à chaque chaudière un tuyau qui puisse, au besoin, servir de tuyau d'allégement. Ce dernier tuyau, on l'ouvre lorsqu'on cesse de chauffer la chaudière et que l'on veut en faire sortir la vapeur.

Dans ce cas, on pourrait donner à ce tuyau le nom de *soupape de déchargement*. La meilleure espèce de soupapes de sûreté me paraît être celle de Mandslay (1). Son diamètre doit être au moins d'environ 4 pouces. On aura, dans ce cas, pour la surface :

$$\frac{P.\,D^2.}{4} = \frac{11\,.\,16}{14} = \frac{88}{7} = 12 \text{ pouces carrés.}$$

Que si l'on veut déterminer la pression à raison de 8 livres par pouce carré de la chaudière, dans cet autre cas, la soupape de sûreté, y compris les poids dont on la charge, devra peser :

---

(1) Voyez le dessin de cette soupape, par M. Christian, *Mécanique industrielle*, tom. II, pl. 15, lig. 9.

à 8 × 12    =      96 liv.
à 7 liv. par pouce carré 84 liv.
à 6 liv. . . . . . . . . . 72 liv.
à 5. . . . . . . . . . . . 6o liv.
à 4. . . . . . . . . . . 48 liv.

Dans la plupart des cas, on pourra avec le plus grand avantage faire opérer la chaudière à raison de 4 à 4 ½ livres.

A nombre de chaudières à vapeur, on ajoute encore une petite soupape qui s'ouvre du dehors en dedans. Cette soupape sert à introduire l'air extérieur dans la chaudière, au cas où la vapeur viendrait tout à coup à se refroidir dans la chaudière par l'effet de quelque crevasse ou ouverture quelconque qui existerait dans la partie supérieure du récipient. Dans ce cas, la pression de l'air atmosphérique, devenue plus puissante que celle de la vapeur, ouvre la petite soupape. Mais le tuyau de sûreté $a$, $b$, fait, à cet égard, l'office de cette soupape atmosphérique (*atmospheric valve*); car quand la pression de la vapeur sur l'eau est moindre que celle de l'air atmosphérique, celui-ci se fraiera à travers l'eau un chemin et une issue par le tuyau de sûreté, et rétablira l'équilibre rompu.

On peut employer comme combustibles tous ceux qui entretiennent le feu pendant un certain laps de temps suffisant, et donnent la chaleur requise.

Chez Loddiges on fait usage de charbon désulfuré (*coke*); c'est-à-dire, des résidus des charbons qui ont servi à la fabrication du gaz.

M. Loddiges donne, sous le rapport de l'économie, la préférence à ces résidus de charbon. La consommation qu'il en fait annuellement est de 126 chaudrons ou 152 mesures de 32 boisseaux; mais dans les hivers peu rigoureux, cette consommation est moins considérable. Ici, on fait observer que dans l'établissement de M. Loddiges, les tuyaux de chauffage ont une longueur de 1600 ᵐ·, et qu'il contient quarante-cinq feux différens.

Dans nombre de fabriques, on préfère ce résidu de charbon au charbon même. M. Cockerill a, dans son établissement de *Seraign*, des fours spécialement destinés à produire du résidu de charbon de terre. Dans tous les cas, le charbon de terre pur remplira certainement l'objet proposé. Dans certains lieux, on emploie avec avantage moitié tourbe et moitié charbon de terre (1). Le bois brûle trop promptement; la tourbe (*peat*), seule, a suffi dans nombre de cas.

Les bâtimens dans lesquels on place les chaudières peuvent être construits à une distance quelconque des serres, étuves, caisses, etc., que l'on se propose de chauffer : car au moyen de tuyaux qui communiquent des uns aux autres, la vapeur peut être conduite, sans le moindre inconvénient, à de grandes distances.

Dans nombre de cas, on pourrait, en Hollande, dans des locaux isolés, placer les chaudières près ou à l'intérieur même de la maison du jardinier, où on serait plus à même, et sans déplacement, d'entretenir le feu, même pendant les hivers les plus rudes.

L'appareil du réservoir, des tuyaux d'ali-

---

(1) La tourbe d'Angleterre (*peat*) est un très-mauvais combustible; je suis certain que la tourbe longue (*large turf*) serait très-propre à ce genre de chauffage.

(Note du traducteur.)

mentation, etc., peut s'adapter tout aussi bien à de petites chaudières qu'à de grandes, et la vapeur des premières conduite comme celle des autres à de grandes distances.

La planche II indique comment le tuyau à vapeur communique avec la chaudière. Au moyen d'un robinet, on peut fermer en tout ou en partie le passage de ce tuyau ; en sorte que l'on peut, à volonté, non-seulement évacuer la vapeur, mais encore, en ouvrant plus ou moins le robinet, en régler le plus ou moins d'abondance et d'intensité.

Au surplus, le tuyau à vapeur peut être adapté à telle partie de la chaudière que la distribution du local donné pourrait exi-ger. C'est ainsi que, dans la planche I, le tuyau conducteur de la vapeur, qui communique avec les deux chaudières, ou peut, au besoin, communiquer avec chacune d'elles sé-parément, se partage en deux branches, l'une desquelles se dirige sur la couche de cham-pignons, et d'où, un peu plus loin, se détache une troisième ramification principale desti-née à chauffer l'orangerie et les serres placées près de l'habitation. Cette habitation est située à une distance d'environ 55o pieds de la chaudière; et entre l'une et l'autre se trouve une prairie qui va en montant, par un faible talus, de la seconde à la première. On a pratiqué à travers cette prairie une rigole en maçonnerie, par le moyen de laquelle le tuyau à vapeur communique entre ces deux points. Dans cette rigole, l'intervalle qui se trouve entre ses parois et le contour du tuyau de fer, est rempli de charbon de bois, comme étant le plus inerte des conducteurs de la chaleur. On pourrait aussi faire usage, à cet effet, de la cendre de tourbes, si toutefois le moyen le plus sûr n'était pas de renfermer tout simplement le tuyau dans un massif de maçonnerie, et de le garantir ainsi du contact de l'air extérieur, et cela à l'aide d'une matière reconnue pour être aussi un mauvais conducteur de la chaleur.

Les tuyaux par lesquels se communique la chaleur sont de deux sortes, savoir, ceux qui ne servent uniquement qu'à la convoyer, et ceux-là dont la destination spéciale est de chauffer les serres, étuves, etc.

Les premiers, c'est-à-dire, les tuyaux purement conducteurs, sont faits de fer battu, et ils ont six pieds de longueur sur $1\frac{1}{2}$ pouce de diamètre. Pour qu'ils s'ajustent hermétiquement les uns aux autres, on fixe à vis leurs extrémités avec un entourage de papier. Ces tuyaux se courbent aisément dans toutes les directions, et sont, sous ce rapport, très-propres à l'usage auquel on les destine. Il serait difficile de fabriquer en fer de fonte des tuyaux d'un aussi petit diamètre; et d'ailleurs les tuyaux faits de cette matière ne sont pas susceptibles d'être courbés : on est, dans ce cas, obligé de les garnir de coudes à leurs extrémités. Les tuyaux en fer ouvré sont en outre plus économiques, et on peut les ajuster les uns aux autres plus aisément et en moins de temps. Ce n'est que depuis peu que de semblables tuyaux ont été faits en Angleterre; ils servent principalement à l'usage de l'éclairage par le gaz.

En temps de paix les armuriers qui, durant la guerre, étaient employés à la fabrication des armes, le sont à celle de cette espèce de tuyaux.

Les tuyaux qui servent à répandre la cha-

leur dans les serres sont de fer de fonte. Le
diamètre de ces tuyaux, plus grand que celui
des autres, est de 5 à 6 pouces. Ces grands
diamètres augmentent la surface par laquelle
se communique la chaleur (1).

Chacun de ces tuyaux a 8 pieds de longueur : il est muni à ses extrémités d'un re-
bord plat, ou quadrangulaire, ou rond, percé
d'un certain nombre de trous destinés à re-
cevoir les vis et chevilles de fer, au moyen
desquels les tuyaux sont assujettis les uns
aux autres. Pour empêcher la vapeur de s'é-
chapper, ou l'eau de pénétrer dans les tuyaux,
on met entre leurs rebords une légère couche
de chanvre bien imprégnée d'une teinture de
céruse. Si on mêle à cette teinture un peu de
mine de plomb, la céruse n'en séchera que
plus vite, et en sera d'autant plus dure (2).

La température se détermine dans la proportion existant entre la surface du tuyau de
chaleur et la capacité de l'appartement ou de

---

(1) L'épaisseur du fer de ces tuyaux à vapeur peut
être d'un peu moins de 3 huitièmes de pouce.

(2) On voit, planche IV, fig. 6 et 7, le mode suivant
lequel les tuyaux s'adaptent les uns aux autres.

la serre où il se trouve placé. Un tuyau de 8 pieds de longueur et de six pouces de diamètre a-t-il une surface

$$= \text{P.D.H.} = \tfrac{22}{7} \cdot 0,5 \times 8 = 12\tfrac{1}{2} \text{ pieds } \square \, ;$$

ou si $a$ est la longueur donnée d'un tuyau, et le diamètre 6 pouces, sa surface sera

$$\tfrac{11}{7}a = 1,57\,a,$$ et un tuyau de 8 pieds de longueur sur 5 pouces de.diamètre, à une surface de

$$\text{P. D. H.} = \tfrac{22}{7} \cdot 0,417 \times 8.$$
$$= 10 \text{ pieds, } 48 = 10 \text{ pieds } 6 \text{ pouces.}$$

Maintenant si le diamètre du tuyau est de 5 pouces, la surface sera $1,31\ a$.

La serre d'ananas indiquée pl. I, a 73 pieds de longueur; ainsi la surface du tuyau est

$$1,31 \times 73 = 95,\, 6 \text{ pieds } \square \, ;$$ et comme la capacité de la serre est de 2,479 pieds cubes, on a, d'une part, 21, et, d'autre part, 24 pieds cubes de la serre pour chaque pied carré de superficie du tuyau à vapeur.

L'expérience acquise depuis plusieurs années touchant le procédé du chauffage des fabriques, surtout des filatures, établissemens qui exigent une température soutenue, a fait connaître les règles suivant lesquelles on doit proportionner la surface d'où émane la chaleur, à l'espace que l'on se propose de chauffer, et à la température que l'on veut y établir.

La chaleur se suppute dans les proportions suivantes : serres d'ananas 1 pied carré de surface chauffante, pour 20 pieds cubes d'espace à chauffer; serres de raisin et de pêches, 1 pied carré de surface pour 40 pieds cubes; orangeries et serres de fleurs, 1 pied carré de surface pour 80 ou 100 pieds cubes; appartemens, salles à manger, etc., 1 pied pour 150 pieds cubes; églises, ateliers, théâtres et hôpitaux, 1 pied carré pour 200 pieds cubes. Dans la chapelle de *Port Glasgow*, la proportion est de 400 pieds cubes d'espace pour un pied carré de surface chauffante. Suivant l'ancien mode de chauffage, on compte ordinairement, dans les bonnes serres d'ananas, un feu pour 400 pieds carrés de surface de la serre. Il est évident qu'en ce qui est du chauffage à la vapeur des manufactures, salles, hôpitaux et autres édifices de cette nature, tout dépend de leur situation locale, du nombre des portes et fenêtres, de l'ordre de leur distribution intérieure, de l'épaisseur des murs, du mode de construction, etc.

La règle que nous donnons ici suffira pour déterminer la longueur des tuyaux à vapeur, et pour communiquer la température requise à un espace donné (1).

Nous avons proposé l'usage des tuyaux à vapeur de fer fondu, parce que l'expérience a appris que ces sortes de tuyaux sont les plus propres à leur destination.

On a fait l'essai de tuyaux de fer-blanc ou de cuivre. Contre toute attente, on trouva qu'à égales dimensions de surface le fer de fonte donnait plus de chaleur que le fer-blanc et le cuivre : en outre, ce dernier métal exhalait une mauvaise odeur. Dans la bibliothèque du marquis de Landsdown, où l'on avait placé à grands frais des tuyaux de cuivre, on se vit obligé de les remplacer par des tuyaux de fer fondu. Peut-être eût-on pu prévenir l'odeur désagréable du cuivre en

_______________

(1) Voyez Gilbert, *Annales de Physique. Nouvelle suite*, B. 17, p. 351.

l'étamant ou en le recouvrant d'un fort vernis.

Si cependant l'on veut faire usage de tuyaux de cuivre, du moins ne doit-on pas les réunir par des soudures d'étain ou de plomb; car la vapeur dissout la soudure, et de cette manière évente les tuyaux.

Les tuyaux de plomb peuvent être aisément joints les uns aux autres; mais ils ont d'ailleurs leurs désavantages; d'abord ils sont dispendieux; en second lieu, ils sont sujets à prendre bientôt l'air, attendu que ce métal se dilate aisément à la chaleur, tandis que contrairement à d'autres métaux, une température plus douce semble ne pas le faire revenir, du moins entièrement, à son premier état.

On ne saurait trop réprouver l'usage des tuyaux d'étain; d'abord parce qu'on les soude avec de l'étain et du plomb, et ensuite vu que la rouille ne tarde pas à les détruire.

Il n'a été fait aucun essai de tuyaux de zinc; mais on présume qu'ils seraient sujets aux mêmes inconvéniens qui nous font rejeter les tuyaux d'étain.

En plaçant les tuyaux il faut avoir soin de leur laisser assez de champ pour qu'ils puissent librement se dilater à la chaleur.

On obtient cet effet en laissant un des côtés des tuyaux isolé de toute pression, et en le faisant reposer sur l'angle d'un prisme, ou sur un rouleau de fer sur lequel il peut avoir du jeu.

Veut-on savoir dans quelle proportion se dilatent les tuyaux de fer par l'effet de la chaleur, rien n'est plus facile à supputer. Par exemple : dans la première serre des raisins indiquée planche I , le tuyau à vapeur qui longe un des côtés du mur, a 24 pieds de longueur. Supposez maintenant que la température de cette serre s'élève du point de congélation, de 32° de Fahr., ou 0° *c.* jusqu'à 80° de Fahr. ou environ 26° *c.*

Le fer fondu se dilate à raison de 0,00000618 pour chaque degré du thermomètre de Fahrenheit.

Ainsi, quand la température de la vapeur a chauffé le fer de $32°$ à $224°$, la dilatation de 24 pieds $= 24 \, ( \, 1 + 0,00000618 \times 192 \, )$ $= 24, \, 029.$

C'est pourquoi la longueur de tuyau, AB, de 24 pieds, s'accroîtra par l'effet de ce changement de température de 0, 029 pieds ou 0, 348 pouces, ou $\frac{4}{10}$ de pouce. Ainsi, pour peu que ce tuyau ait de jeu, la dilatation se fera librement.

Supposez maintenant que l'extrémité A soit fixée, alors le tuyau gagnera en longueur dans la direction de B ; et soit cette augmentation, B$b$, de $\frac{4}{10}$ de pouce.

L'extrémité BC du tuyau, dans la largeur de la serre, est d'environ 18 pieds ; ainsi la dilatation

$$18 \, ( \, 1 + 0,00119 \, ) = 18,02 \text{ pieds}$$
$$= 18 \text{ pieds } \tfrac{3}{10} \text{ de pouce.}$$

Ceci s'applique à la longueur $d$E, et on voit que si l'extrémité $d$ ne touche à rien qui la comprime, la dilatation se fera librement de cet autre côté ; et elle a lieu de la même manière dans les différentes serres où on a la précaution de laisser du jeu à l'une des extrémités des tuyaux.

Dans les serres on place toujours les tuyaux aussi bas que possible, parce que l'air chaud monte et que l'air froid tombe. Si une simple rangée de tuyaux ne suffit pas pour donner le degré de chaleur requis, on en place deux, trois et jusqu'à six près et au-dessus les uns des autres, comme par exemple, dans la vaste serre chaude de M. Loddiges. Cette serre, construite entièrement en fer de fonte et en verre, a 40 pieds de hauteur sur 60 pieds de large. Autour de cette serre règnent six rangées de tuyaux placés sur deux de hauteur.

Lorsque la vapeur commence à s'introduire dans les tuyaux, elle en expulse avec force l'air qui s'y trouve. Il faut, comme dans les conduits d'eau, procurer à cet air une issue. A cet effet on place un robinet à l'une des extrémités de chaque rangée de tuyaux. Lorsque la vapeur pénètre dans les tuyaux, on ouvre le robinet et l'air s'échappe par cette ouverture avec une sorte de sifflement. On referme le robinet lorsqu'au lieu d'air il n'en sort plus que de la vapeur. On place ces robinets en dessus des tuyaux.

Dans chaque serre que l'on veut chauffer séparément, on adapte un robinet au tuyau principal qui y conduit, et au moyen duquel on peut ouvrir ou fermer la communication de la vapeur avec cette serre. Par ce procédé on peut, à volonté, chauffer les serres séparément ou toutes en même temps. Par exemple, le tuyau ( pl. 1 ), qui, à travers la prairie, conduit à l'habitation, à la serre, chaude et à l'orangerie, pourra être fermé, tandis que la vapeur continuera à se diriger sur la serre des champignons et sur celle des pommes-de-terre. On peut de même interdire l'accès de la vapeur dans ces dernières, où elle n'est chaque jour nécessaire que pendant quelques heures, et ainsi à l'égard des autres serres.

Lorsque l'eau formée dans les tuyaux par la condensation de la vapeur ne peut rentrer dans la chaudière, il faut recourir à quelques moyens propres à l'évacuer ; et un de ces moyens consiste à faire écouler l'eau par un robinet placé au-dessous de l'extrémité du tuyau.

On peut aussi placer à l'extrémité la plus basse du tuyau, un siphon d'un pouce de diamètre et s'enfonçant de 10 pieds en terre, par lequel s'échappent les eaux provenant de la condensation de la vapeur.

Lorsque la saison n'exige pas que l'on chauffe les serres pendant la nuit, et que l'on veut condenser la vapeur qui se trouve dans les tuyaux, on ferme, vers le soir, le robinet par lequel elle se dégage ; dans ce cas, les tuyaux se remplissent, en tout ou partie, de l'eau produite par la condensation ; mais cette eau conserve long-temps sa chaleur, et, par ce moyen, entretient dans les serres la température requise jusqu'au matin que l'on chauffe de nouveau la chaudière.

Pour faciliter l'écoulement des eaux, il convient que tous les tuyaux aillent un peu en pente vers le point de décharge.

Les tuyaux du petit appareil indiqué planche II, sont tous disposés de la même manière que les grands ; mais des circonstances locales ne permettaient pas de faire écouler dans la chaudière la vapeur résoute en eau ; c'est un avantage dont on ne peut pas jouir partout. Le jardin où se trouve placé cet appareil, est situé sur le penchant d'une colline. On a établi les serres sur le sommet, et la chaudière au pied de cette colline. La vapeur condensée retourne dans le réservoir d'où elle alimente la chaudière. Le même procédé est applicable aux fabriques et aux hôpitaux, établissemens où les tuyaux de chaleur doivent monter jusque dans les étages supérieurs.

Indépendamment des serres d'ananas chauffées par la chaudière décrite, pl. II, il en existe une pour les plantes du tropique et celles de la mer du Sud. Dans cette serre la température est constamment de 65° à 70° Fahr. Dans les serres d'ananas, la température, par les plus grands froids, n'est jamais au-dessous de 50° de Fahr. La chaudière chauffe, en outre, une petite orangerie ; mais comme elle ne contient que des plantes froides, on ne la chauffe uniquement que pour la garantir de la gelée.

Lorsqu'en l'année 1798 , M. Neil Snodgrass proposa, le premier, de chauffer à la vapeur les manufactures et les maisons particulières , on jugea en Angleterre que l'emploi de ce procédé était *impossible* ; à cet égard,
on crut que la vapeur ne tarderait pas à se
condenser dans les tuyaux , à se résoudre en
eau , et par là ne pourrait plus être conduite
à une certaine distance. L'expérience a depuis
long-temps infirmé cette conjecture.

Il a été constaté que les thermomètres placés
de distance en distance sur les tuyaux à vapeur , n'annonçaient aucune différence de
température sensible , et qu'ainsi la vapeur
pourrait être, au besoin , conduite à une distance de 1600 mètres de la chaudière , sans
cesser d'être propre au chauffage. Dans l'é-
tablissement de Loddiges , les tuyaux à vapeur comprennent l'espace d'un mille , ou
1609 mètres de longueur. Chez M. Gray , la
vapeur est conduite sous terre , le long de la
rampe d'une colline , à une distance de plus
de 500 pieds. La hauteur de la colonne d'eau
( *a e*, pl. III) indique la force avec laquelle
la vapeur est poussée dans les tuyaux, et cette

force suffit pour en expulser l'air et même l'eau.

Lorsque la force de la vapeur est de 2 ½ à 3 livres par pouce carré de la chaudière, les thermomètres placés à de certaines distances les uns des autres sur les tuyaux marquent de 130° à 140°.

de 4 liv.  180°.
et de 7 liv.  200° (1).

La vapeur condensée que l'on évacue à l'extrémité des tuyaux n'a qu'un degré ou deux de chaleur au-dessus de celle de l'eau bouillante.

Les avantages attachés à ce mode de chauffage sont, économie de combustible et facilité du service des serres. M. Loddiges avait

_______________

(1) Il est évident que la partie inférieure des tuyaux remplis de vapeur et placés horizontalement doit toujours être plus froide que la partie supérieure. La pression étant de 2 ½ livres par pouce carré, Tredgold trouva 180° pour la partie inférieure, et 212° pour la partie supérieure des tuyaux à vapeur. Il établit la température moyenne à 200°.

*( Note du traducteur. )*

précédemment à entretenir 38 feux qui, comme ceux des serres chaudes en Hollande, devaient être alimentés plusieurs fois dans les nuits d'hiver. Aujourd'hui il lui suffit d'un seul feu qui exige un approvisionnement de 120 mesures de charbon désulfuré, et il lui reste la plupart du temps une grande quantité de ce charbon pour l'année suivante. La nuit à peine est-il nécessaire de visiter les chaudières, lesquelles sont constamment bien remplies avant que le jardinier se retire.

Pendant les six ou sept dernières années qui ont précédé l'hiver de 1822-1823, on était dans l'usage d'alimenter le feu dix ou douze fois par nuit ; mais dans ce froid hiver-là, messieurs Loddiges et Gray se bornèrent à faire allumer le feu vers minuit, et il suffisait pour cela du ministère de leur veilleur de nuit ordinaire.

Avant d'avoir introduit le chauffage à la vapeur dans son établissement, M. Gray y employait 16 feux, qui consommaient 36 mesures de charbon de terre ; il n'a plus aujourd'hui qu'un seul feu qui consomme annuellement 25 mesures de charbon désulfuré, et

4.'

au moyen de ce feu unique, M. Gray pourrait en outre chauffer le vestibule et l'escalier de son habitation.

Le chauffage à la vapeur imprime à la
végétation une vigueur qu'elle n'a point,
exposée en plein air aux vicissitudes de l'atmosphère. Des plantes reçues des colonies
dans un état languissant, et qui dans des
serres ordinaires eussent inévitablement péri,
se ranimèrent et reprirent leur constitution
première dans les serres à vapeur de M. Loddiges. On s'est parfaitement rendu maître de
la température ; on peut en régler le régime
autant que l'exige la nature des plantes ; on
peut la réduire pendant la nuit et l'élever à
midi, au degré auquel elles sont habituées
dans leur patrie, et ainsi leur créer un jour
et une nuit artificiels. Dans les serres ordinaires, la température varie peu dans le même
jour, et c'est ce que de savans botanistes regardent comme très-nuisible pour les plantes :
ils prétendent que les plantes doivent tout
aussi bien que les animaux, avoir chaque
jour un intervalle de repos, et qu'elles ne
sauraient jouir convenablement de ce repos,

si la chaleur exerce invariablement sur elles
le même effet durant tout un jour. Knight
est le premier qui ait fixé l'attention des botanistes sur cette particularité, et Loddiges
a su en tirer parti en faveur de ses plantes.

La chaleur est-elle trop âpre dans les
serres, on ouvre un robinet placé pour ces
sortes de cas : la vapeur se répand dans la
serre et y produit une sorte de rosée qui,
comme l'expérience l'a démontré, rafraîchit
singulièrement les plantes : c'est ce qui a lieu
surtout dans les serres d'ananas, où parfois
une sorte d'araignée rouge fait beaucoup de
mal à cette plante. La rosée artificielle dont
nous venons de parler chasse cet insecte et
beaucoup d'autres non moins dangereux.

Les ananas deviennent plus forts et plus
compacts dans les serres à la vapeur que dans
des serres ordinaires. Cette même rosée fac-
tice rafraîchit et fortifie aussi les orangers.

Il est des plantes de serres qui exigent, les
unes, une chaleur sèche, d'autres une chaleur humide. Si on a deux serres chauffées
par le même feu, on peut y introduire au
besoin ces deux sortes de températures ; mais

il faut à cet égard ne pas perdre de vue qu'il n'est pas aussi facile de maintenir une température humide à une certaine hauteur, comme quand la température est sèche, et la différence sera à peu près dans la même proportion que l'humidité.

Les serres à la vapeur présentent cet avantage que la chaleur s'y répand d'une manière égale, et que, surtout dans les lieux situés sur le bord des canaux, les plantes délicates ne sont point exposées à y geler, comme cela arrive fréquemment en Hollande.

En outre, ces serres sont exemptes de la fumée qui s'échappe des conduits en maçonnerie et des tuyaux de poêles en usage dans les serres ordinaires, et qui est extrêmement nuisible pour les plantes.

Les chaudières et le magasin au charbon pouvant être isolés de toute espèce d'édifices, si on le juge à propos, on n'a jamais lieu de craindre les incendies. Un des avantages attachés au chauffage à la vapeur des fabriques, c'est que le taux des primes d'assurance, du moins en Angleterre, sur ces édifices, est sensiblement moins élevé qu'il ne l'est sur ceux qui sont chauffés suivant les anciens procédés. Mais pour éloigner toute apparence de danger, il faut faire construire en matières incombustibles, telles que le fer et la pierre, la maison où l'on place les chaudières.

Un autre avantage que présente le chauffage à la vapeur, c'est d'abord que les serres n'ont pas besoin de couches, et ensuite qu'elles n'ont pas d'autre abri que le verre et des paillassons.

La quantité de tan qu'exige la culture des ananas et des plantes de serres chaudes est, d'un autre côté, incomparablement moins considérable que celle dont on fait usage suivant le mode de chauffage ordinaire.

L'hiver de 1822-1823 offre certainement une grande preuve en faveur des serres qui ne sont point couvertes en planches, et dans la construction desquelles il n'entre, comme dans celles de Loddiges, aucune espèce de matériaux autres que du fer et du verre.

Durant ce même hiver, M. Gray maintint dans les nuits les plus froides la chaleur à 70° Fahr. dans ses caisses d'ananas ainsi

que dans ses serres chaudes, et à 54° dans
son orangerie, et il ne perdit pas une seule
plante ; tandis que la rigueur du froid fit de
grands ravages chez la plupart des fleuristes
de Londres. Les bâches à vapeur du comte
d'Essex n'éprouvèrent non plus aucun dommage.

Quand on possède un semblable appareil
à vapeur, rien de plus facile que de le faire
servir à fournir l'eau nécessaire pour arroser
les plantes. L'eau que M. Loddiges avait
coutume d'employer à cet usage lui était
fournie par l'une des compagnies d'eau de
Londres ; mais ayant eu à se plaindre de la
manière dont se faisait ce service, il fit construire auprès de son établissement une petite machine à vapeur suivant le système de
Savary, perfectionné par Pontifex (1). Sa
chaudière à vapeur fait mouvoir facilement
cette machine, et il a constamment de l'eau
en abondance. Cette eau est conduite par des

---

(1) Voyez la description de cette sorte de machine
dans Partington , *Descriptive account of the steam
Engin*, p. 143 ; et *Aeg. de Witt*, *Dissertatio de Ma-
china atmica*, Traject. 1823.

tuyaux jusque dans les parties les plus élevées des serres chaudes, et prend, avant
d'arriver jusqu'aux plantes, la température
de la serre. En ouvrant un robinet, on la
fait couler dans des tuyaux de plomb du
diamètre d'environ $\frac{1}{2}$ pouce, et percé de petits trous de la grandeur de ceux d'un arro-
soir ordinaire, et espacés à 2 pouces l'un de
l'autre ; de là l'eau tombe comme une douce
pluie artificielle sur les plantes que l'on veut
arroser.

La machine à vapeur de Pontifex, adap-
tée à la chaudière d'une serre chaude, pourrait en outre être employée à fournir l'eau
à l'usage domestique de maisons situées sur
une éminence. C'est ainsi que l'on pourrait
pourvoir d'eau des habitations telles que
*Rederoord*, *Sansbeek*, *Duunoog*, etc., avec
le même feu qui chauffe leurs serres.

La même vapeur qui chauffe les plantes
peut de même servir à chauffer les appartemens ; elle est susceptible des mêmes
avantages à l'égard des fabriques, des
hôpitaux, des casernes, et autres grands
établissemens Comme les chaudières sont

toujours isolées de toute espèce d'édifices,
et qu'il n'entre que du fer et de la pierre
dans leur construction, on n'a point à re-
douter les dangers d'un incendie. C'est par
l'usage de la méthode ordinaire que le palais
de Copenhague fut brûlé, il y a quelques
années. On attribue à la même cause la destruction récente du palais des états généraux,
et de celui du prince d'Orange, à Bruxelles.
A Paris, le château des Tuileries faillit, il
n'y a pas long-temps, de devenir également
la proie des flammes. Avec le chauffage à la
vapeur on n'a rien à craindre de semblable.

Le comte d'Essex se sert de la même chaudière qui chauffe ses serres, pour chauffer
aussi sa salle à manger, et il suffit pour
cela de grands cylindres ou tambours placés
sous les fenêtres et remplis de vapeur. A
l'une des extrémités de la salle on allume un
petit feu dans un foyer ouvert, et cela plutôt
comme un moyen de ventilation que comme
un moyen de chauffage, et aussi parce qu'en
Angleterre on est habitué aux feux ouverts.
Dans la partie de la salle qui est la plus
éloignée et du foyer et des tuyaux ou cylin-

dres de chaleur, on suspend un thermomètre. Quand cet instrument, dans les jours
les plus froids du dernier hiver, marquait
de 54 à 60 degrés, on estimoit que l'appartement était suffisamment chauffé. Avant
que la société se mît à table, on poussait la
chaleur jusqu'à cette température, et lorsque
tout le monde était assis, on fermait les
robinets des tuyaux de chaleur; on les rou-
vrait si la chaleur cessait d'être suffisante.
En un mot, on l'entretenait par les moyens
alternatifs au degré précis que l'on voulait
l'avoir.

On chauffe, par le moyen de colonnes ou
de piédestaux de fonte, qui reçoivent la
vapeur du dehors, les appartemens, les salons, les bibliothéques et autres locaux, sous
le plancher desquels on ne peut pas placer
des tuyaux de chaleur.

Et c'est de cette manière que l'auteur du
présent Traité a chauffé le vestibule et la
salle d'assemblée de la société d'horticul-
ture, dans Regent's street, à Londres; deux
piédestaux placés dans chacune de ces pièces
suffisent pour y introduire la chaleur requise.

On est redevable envers M. Neil Snodgrass de l'application du chauffage à la vapeur aux fabriques, procédé qu'il introduisit en l'année 1800 à Glascow (1). Le riche fabricant Houldsworth l'employa dans ses filatures à Glascow et à Manchester, et ce mode de chauffage devient chaque jour plus en usage.

On se servait déjà de la vapeur, en 1788, pour le chauffage de certaines serres, en remplacement du tan ; mais la manière dont on l'employait était vicieuse : on introduisait directement la vapeur dans l'intérieur du local que l'on voulait chauffer, au lieu de l'y conduire dans des tuyaux, ce qui était bien différent (2).

C'est à peu près de cette manière que l'on

---

(1) Gilbert, *Annales de Physique*, 53e. volume, pag. 596.

(2) Voyez la description de cet appareil, par Wakefield, dans les *Transactions of the society for the encouragement of arts, manufactures and commerce*, tom. I, pag. 18.

chauffe des serres d'ananas dans les jardins du comte Zubow, à Saint-Pétersbourg (1).

On voit, planche II, un vaisseau en fonte servant à cuire à la vapeur des pommes-de-terre pour l'engrais du bétail. En Angle-terre, on nourrit par fois de pommes-de-terre cuites de cette manière, en remplacement du foin, non-seulement les porcs, mais encore les bêtes à corne et les che-vaux (2), et on a obtenu les meilleurs ré-sultats de ce mode d'engrais.

Il est difficile de fixer le prix des appa-reils à chauffer les serres à la vapeur, lors-qu'on ne connaît pas les localités. A Lon-dres, on évalue à 65 livres celui de la chau-dière et des tuyaux d'un petit appareil, à 100 livres, celui d'un appareil de moyenne grandeur, et à 150 livres celui d'un très-grand appareil.

---

(1) *Journal of the royal institution*, vol. VIII, pag. 340.

(2) Voyez les *Transactions of the society for the encouragement of arts, manufactures and commerce*, tom. J, XXI, p. 190.

Les tuyaux de fonte de 9 pieds de longueur sur quatre pouces de diamètre coûtent, à Londres, 27 schellings; ceux de 8 pieds sont de 24 schellings.

Les tuyaux de fer battu coûtent, les 6 pieds de longueur, sur demi-pouce de diamètre, 9 schellings; la même longueur sur un diamètre de trois quarts de pouce est du prix de 7 schellings et demi (1).

_____________________

(1) On s'est servi dans cet ouvrage de la mesure anglaise.

# SUPPLÉMENT

## DU TRADUCTEUR HOLLANDAIS

Ce Traité venait d'être couronné, et déjà la traduction s'en trouvait sous presse, lorsque l'auteur m'envoya l'excellent ouvrage de Tredgold, intitulé : *Principes du mode de chauffage et de ventilation des édifices publics, des habitations particulières, des manufactures, des hôpitaux, des serres*, etc. 1824; ouvrage récemment publié. L'auteur y fit lui-même quelques additions dont je crois nécessaire d'extraire et de donner ici des détails qui pourront faciliter l'application du chauffage à la vapeur, aux serres chaudes, aux caisses d'incubation artificielles et aux orangeries.

M. Tredgold pose d'abord en fait qu'il s'échappe constamment de l'intérieur des locaux dans lesquels on se propose d'entretenir un degré de chaleur quelconque, une certaine quantité de chaleur, ou plutôt que l'air extérieur pénétrant, par les mêmes causes, dans les locaux, c'est-à-dire par les ouvertures que présentent nécessairement les portes et les fenêtres, ainsi que par la propriété des matériaux de construction ; ces derniers considérés comme conducteurs de la chaleur, tend à refroidir sans cesse cette température , et que pour l'entretenir au même degré, il est nécessaire de réparer constamment cette déperdition de chaleur.

Pour trouver le nombre des pieds cubes d'air qui doivent être sans cesse chauffés dans les serres, on fait l'opération suivante : soit A le nombre de pieds cubes, — L la longueur de la serre mesurée à sa partie supérieure, là où le verre finit ; G la superficie du verre, et D le nombre des portes qui s'ouvrent à l'air extérieur, alors on aura

$$(1)\ A = ,5\,L + 1,\ G + 11\,D.$$

Et pour les serres chaudes dont on veut

augmenter la température, on a, si $h$ est la hauteur donnée de la serre,

$$(2)\ A = \tfrac{1}{4}\,L\,h + \tfrac{3}{2}\,1{,}5\,G + 11\,D.$$

La première de ces formules équivaut à dire : prenez pour A cinq fois la longueur du verre, mesurée au pignon ; ajoutez-y $1\tfrac{1}{2}$ fois la superficie du verre, plus 11 pieds cubes pour chaque porte qui s'ouvre à l'air extérieur.

La seconde formule donne la règle suivante : multipliez en pieds la longueur de la serre, par la moitié de la plus grande hauteur verticale ; ajoutez-y $1\tfrac{1}{2}$ fois la superficie du verre, et 11 fois le nombre des portes qui s'ouvrent à l'air extérieur.

Maintenant, pour trouver la superficie des tuyaux de fonte, nécessaire pour établir et entretenir la chaleur requise, soit S la superficie cherchée, en pieds carrés anglais ; $t$ la température que l'on désire entretenir dans la serre, $t'$ le minimum de température de l'air extérieur ; alors on aura

$$(3)\ S = \frac{A\,(t - t')}{2{,}1\,(200 - t)}$$

Ce qui veut dire : multipliez le nombre de pieds cubes d'air qui doit être sans cesse chauffé, par la différence existant entre la température de la serre, et celle de l'air extérieur, exprimées en degrés de Farenheit ; divisez le produit par 2,1 fois la différence entre 200° et la température à laquelle on veut entretenir la serre.

Le minimum de la température, dans ce pays, est — 9° F ; à Utrecht, le thermomètre se tint à cette hauteur en janvier 1823 ; ainsi on a $t' = -9°$.

Pour faire l'application de ces règles, nous choisirons ici quelques exemples pris parmi les orangeries, les serres chaudes, etc., du jardin des plantes de l'académie d'Utrecht.

Dans une serre à tan, où l'on élève des plantes du Tropique, la hauteur de la serre est $h = 12,5$ pieds ; la longueur $L = 27$ pieds ; G la superficie du verre, laquelle est de 400 pieds □ ; et comme il ne s'y trouve qu'une porte intérieure, on a $D = 0$. Ainsi on a, suivant la formule (2), la quantité de pieds cubes d'air à chauffer en $1'$, ou

$$A = \tfrac{1}{4} L h^{\tfrac{3}{2}} + 1{,}5\,G + 11\,D.$$

C'est-à-dire,

$$= \tfrac{1}{4} \cdot 27 \cdot (12{,}5)^{\tfrac{3}{2}} + 1{,}5 \times 400.$$

$$= 6{,}25 \times 27 + 1{,}5 \times 400 = 768 = A.$$

Mais on suppose que dans les nuits les plus froides, lorsque le thermomètre est au dehors à $-9^\circ$ F., la température de la serre doit être à $60^\circ$; alors on a, suivant la formule (3),

$$S = \frac{A\,(t - t')}{2{,}1\,(200 - t)}$$

$$= \frac{768\,(60 + 9)}{2{,}1\,(200 - 60)} = \frac{768 \cdot 69}{2{,}1 \times 140} = 180 \text{ pieds} \ \square \ \text{de tuyau.}$$

Ou, en nombre rond, 200 pieds de superficie de tuyau; et comme nous avons vu ci-dessus que la superficie d'un tuyau à vapeur de cinq pouces de diamètre en hors d'œuvre, est $= 1{,}31\,a$, produit dans lequel $a$ indique la longueur du tuyau, on aura la

longueur de tuyau de 5 pouces, qui est nécessaire pour chauffer cette serre à tan, par

$$200 = 1,31\ a,$$

et ainsi $a = \frac{200}{1.31} = 152$ pieds pour la longueur du tuyau ; ce qui comprend 19 pièces
de tuyau de 5 pouces de diamètre, chacune de
8 pieds de longueur, c'est-à-dire, environ
6 rangées de tuyaux de 5 pouces de diamètre.

Veut-on employer des tuyaux de 6 pouces
de diamètre en hors d'œuvre,

$$\frac{200}{1,57} = a = 128 \text{ pieds de longueur de tuyaux}$$
de 6 pouces, ou 5 rangées de tuyaux.

Il convient de placer les tuyaux, non pas
près les uns des autres, mais espacés entre
eux ; par ce moyen la chaleur se distribuera
d'une manière plus égale dans toute l'étendue de la serre.

Suivant la règle donnée par Tredgold, la
capacité de la chaudière destinée à chauffer
cette serre, comme étant déduite de l'expérience des faits, doit être telle que cette chaudière puisse contenir autant de vapeur que
toas les tuyaux qu'elle doit alimenter, pris en-

semble, et que la chaudière doit toujours être à moitié pleine d'eau, et à moitié pleine de vapeur. Ceci posé, un pied de tuyau de 4 pouces de diamètre contient-il 0,1363 pieds cubes de vapeur,

$$152 \times 0,136 = 20,67 \text{ pieds cubes};$$

et en faisant compte de ce qui sera nécessaire pour remplir les petits tuyaux conducteurs, la capacité de la chaudière sera d'environ 42 pieds cubes.

Une autre serre, de même propre pour les plantes chaudes, les bulbes, les ananas, etc., a les dimensions suivantes :

Longueur $L = 17$ pieds 8 pouces, hauteur 9 pieds $= h$, largeur 7 pieds 7 pouces. La superficie du verre $= 154$ pieds $\square = G$; et on veut entretenir constamment la température à 60°; alors on a de nouveau

$$A = \tfrac{1}{4} L h^{\frac{3}{2}} \times 1,5\,G + 11\,D$$

$$= \tfrac{1}{2} \cdot 9 \cdot 17,75 + 1,5 \cdot 154 + 11 = 322,$$

et la superficie du tuyau

$$S = \frac{(A\,t - t')}{2,1\,(200 - 60)} = \frac{322 - (60 + 9)}{2,1\,.\,140}$$

$$= 75 \text{ à } 76 \text{ pieds } \square \,.\, Q\,4,$$

et par suite $\frac{76}{1,31} = 58$ pieds de tuyaux de 5 pouces de diamètre, ou un peu plus de trois rangées de tuyau seront nécessaires.

Mais un pied de tuyau du diamètre de 5 pouces contient 0,1363; par conséquent 58 pieds de tuyau contiendront 8 pieds cubes ; la capacité de la chaudière devra donc être de 16 pieds cubes.

Une autre serre, dite anglaise, a de longueur 55,5 pieds $= L$, de largeur 9 pieds 5 pouces, et de hauteur 9 pieds 5 pouces $= h$, et elle a 460 pieds de superficie de verre, et une porte qui ouvre sur le dehors; ainsi, on a de nouveau

$$A = \tfrac{1}{4}\, L\, h + 1,5\, G + 11.$$

$$160 + 690 + 11 = 861.$$

$$\text{Et } S = \frac{A\,(t - t')}{2,1\,(200 - 60)} = \frac{869 \times 69}{294} = 202.$$

Ainsi il faut pour cette serre 202 pieds carrés
de superficie de tuyau ; et comme on fait usage
de tuyaux de 5 pouces de diamètre, on a besoin
d'une longueur de $\frac{202}{1,31} = 154$ pieds, ou 4
et 5 rangées de tuyaux ;

Et la capacité requise dans la chaudière
est $152 \times 0,136 = 21$.

Et par conséquent la capacité totale de la
chaudière doit être de 42 pieds cubes.

Une serre, appelée *tepidarium*, a de lon-
gueur $51\frac{1}{2}$ pieds $= L$, de hauteur $10\frac{3}{4}$ pieds
$= h$; la superficie du verre est de 530 pieds
carrés $= G$ ; elle n'a point de porte extérieure,
et on veut y entretenir une température de
$50°$. Alors on a de nouveau

$$A = \tfrac{1}{4} L h^{\frac{5}{4}} + 1,5 G$$

$$= \tfrac{1}{2} 51,5 \times 10\tfrac{3}{4} + 1,5 \times 530 = 972.$$

Et $S = \dfrac{972\,(t - t')}{2,1\,(200 - t)} = \dfrac{972\,(59)}{2,1 \times 150} = 182$ pieds carrés de superficie, et par conséquent

$\frac{182}{1,31} = 139$ pieds, ou de 2 à 3 rangées de
tuyaux de 5 pouces de diamètre.

Et comme chaque pied de tuyau de 5 pouces de diamètre contient 0,136 pieds cubes de vapeur, on a pour ces 139 pieds de tuyau, 19 pieds cubes de vapeur, et par conséquent 38 pieds cubes pour la capacité de la chaudière de ce *tepidarium*.

Une deuxième serre de ce nom contient des plantes froides ; et on peut en déterminer la température dans les mois d'hiver les plus froids, à $42°$. La longueur ou L est de 25,5 pieds ; la hauteur 10,5 pieds $= h$ ; la superficie du verre, $270 = $ G ; et point de porte extérieure :

$$\text{Ainsi } A = \tfrac{1}{4} L \, h^{\frac{2}{3}} + 1,5 \, G.$$

$$= \tfrac{1}{2} . 25,5 \times 10,5 + 1,5 . 270 = 538.$$

$$\text{Ainsi } S = \frac{A\,(t - t')}{2,1\,(200 - 42)} = \frac{538 \times 51}{2,1\,(158)} = 89 \text{ pieds}$$

carrés de superficie, et par conséquent pour la longueur de tuyau de 5 pouces de diamètre,

$$\frac{89}{1,31} = 78 \text{ pieds, ou trois rangées de tuyau, et}$$

pour la capacité requise de la chaudière,

$$2 \times 0,136 \times 78 = 21 \text{ pieds cubes, environ.}$$

Il s'agit maintenant de trois orangeries. Je suppose que la température que l'on se propose d'y entretenir est, dans l'une, de 36°, et, dans les deux autres, de 42°. Longueur de l'une de ces orangeries L = 35 pieds 6 pouces ; largeur = 19 pieds ; hauteur 16 pieds. Elle a sept fenêtres et une porte. La superficie du verre de tous les châssis, est d'environ 350 pieds carrés. En admettant que chaque châssis fait l'effet d'une porte, et laisse s'introduire environ 11 D pieds cubes d'air, on aura pour

$$A = 11\,D + 359 \times 1,5 = 88 + 525 = 613,$$

$$\text{et } S = \frac{613\,(t - t')}{2,1 \quad 158} = \frac{613.5\imath}{332} = 97\,;$$

et par conséquent 97 pieds carrés pour la superficie de tuyau, et 74 pieds pour la longueur de tuyau du diamètre de 5 pouces. Il y aura donc deux rangées de tuyau de ce diamètre, et la capacité requise dans la chaudière sera

$$2 \times 97 \times 0,136 = 25 \text{ pieds cubes.}$$

Dans la seconde orangerie, la température ne doit pas être, même dans les plus grands froids, au-dessous de $42°$. Elle a de longueur 41 pieds, de hauteur 16 pieds, de largeur 18 pieds 6 pouces, et elle a quatre châssis et 360 pieds carrés de verre;

$$\text{Ainsi } A = 11\,D + 1,5 \cdot 360$$

$$= 55 + 540 = 559, \text{ ou } A = 600.$$

$$\text{Et } S = \frac{A\,(t - t')}{2,1\,(200 \cdot 42)} = \frac{600 \cdot 51}{2,1 \cdot 158} = 93.$$

C'est pourquoi la superficie des tuyaux à vapeur devra être de 93 pieds carrés, et la longueur de tuyau de 5 pouces de diamètre, de 71 pieds; deux rangées de tuyaux seront plus que suffisantes, et la capacité requise dans la chaudière à vapeur sera de 26 pieds cubes.

La dernière orangerie à 43 pieds de hauteur et 31 pieds de largeur, sur 23 de longueur; elle a 5 châssis et 256 pieds carrés de verre; la porte d'entrée ne s'ouvre point à l'air extérieur.

$$A = 11\,D + 1,5\,G = 55 + 384 = 440,$$

$$S = \frac{A\,(t - t')}{2,1\,(200 - t)} = \frac{440 \cdot 45}{288} = 68.$$

Ainsi, en donnant à cette orangerie une superficie de 70 pieds carrés de tuyau, on a une longueur de tuyaux de 5 pouces de diamètre, de $\frac{6}{1,31} = 52$ pieds ; et comme il n'existe dans ce local très-élevé qu'un seul tuyau, qui en longe les murs, on y a placé 100 pieds de tuyau, et la capacité requise dans la chaudière est

$$2 . 0,136 . 100 = 27 \text{ pieds cubes.}$$

Si on réunit toutes les longueurs des tuyaux à vapeur trouvées, on verra qu'il aurait fallu en employer environ 900 pieds, du diamètre de 5 pouces ; ce qui, si on y comprend la quantité de vapeur nécessaire pour remplir les tuyaux conducteurs, aurait exigé une chaudière de la capacité de 500 pieds cubes ou de la force de 15 chevaux.

Ce peu d'exemples suffiront, je l'espère, pour guider les personnes qui désireraient introduire le système du chauffage à la vapeur dans leurs serres et étuves à incubation artificielle ; et je termine le présent supplément en faisant observer que l'on peut se procurer des chaudières à vapeur ainsi que des tuyaux, tant conducteurs, que de chauffage, dans les fabriques du royaume des Pays-Bas.

FIN.

# EXPLICATION DES PLANCHES.

PLANCHE I<sup>re</sup>. (*A*).

Plan de l'appareil à vapeur, tel qu'il a été établi en 1820, à Haringhay-House, près de Hornsey, à peu de distance de Londres, à la maison de campagne de M. Stephen Grey.

N°. 1. Serre à raisins précoces , 17 pieds et 16 pieds 10 pouces.

2. Serre chaude à plantes , 17 pieds et 16 pieds 10 pouces.

3. Tuyau à vapeur. Longueur, 63 pieds.

4. Serres à fraises. Longueur, 19 pieds 6 pouces ; largeur, 14 pieds.

5. Serre à pêches , 59 pieds 6 pouces et 9 pieds 8 pouces.

6. Tuyau à vapeur, 73 pieds un quart.

7. Grand tuyau à vapeur, diamètre 1 pouce et demi.

8. Serres aux légumes , 53 pieds et 13 pieds 2 pouces. Tuyau à vapeur, 76 pieds.

9. Serres à ananas , 52 pieds et 13 pieds 6 pouces. Tuyau à vapeur , 73 pieds.

10. Serre aux raisins , 30 pieds et 18 pieds 8 pouces. Tuyau à vapeur, 88 pieds.

11. Serre aux raisins , 57 pieds et 18 pieds 8 pouces. Tuyau à vapeur, 76 pieds.

12. Magasin du charbon.

13. Petite chaudière à vapeur.

14. Grande chaudière à vapeur.

15. Couche de champignons.

16. On voit le prolongement de ce tuyau D, à la planche suivante en E.

17. Emplacement d'une maison de paysan ou de concierge.

Chaudière de fonte pour cuire, à la vapeur, de la pâture pour les bestiaux, contenant deux sacs de pommes-de-terre, dont la cuisson a lieu en 20 minutes.


## PLANCHE I<sup>re</sup>. (*B*).

18. Grand tuyau à vapeur de 2 pouces de diamètre, allant de la chaudière (*Voy. pl.* I<sup>re</sup>. D) à travers le terrain de la prairie, sur une distance de 550 pieds, à la serre chaude et à l'orangerie, situées près l'habitation.

19. Prairie.

*Observation*. Les tuyaux à vapeur, en dedans des serres, sont en fonte, et ont 4 pouces de diamètre au jour, avec des rebords quadrangulaires à chacune de leurs extrémités, par lesquels ils se trouvent assemblés au moyen de vis, de boulons et d'écrous.

20. Serre chaude, 48 pieds 3 pouces et 16 pieds 9 pouces. Longueur du tuyau à vapeur, 194 pieds.

21 et 22. Habitations.

23. Longueur du tuyau à vapeur, 185 pieds.

24. Orangerie, 67 pieds 3 pouces et 17 pieds 6 pouces.

## PLANCHE II.

Dessin de deux chaudières, l'une desquelles chauffe une serre chaude à plantes, et deux serres à ananas, de 20 pieds de longueur sur 12 pieds de largeur.

25. Coupe sur la longueur de la chaudière.

26. Élévation.

27. Coupe transversale.

28. Plan des chaudières et des tuyaux à vapeur.

29. Trou aux cendres.

30. Tuyau à vapeur.

31. Tuyau par lequel l'eau condensée est évacuée.

32. Tuyau pourvoyeur et robinet.

33. Trou aux cendres.

> *Observation.* Le soir on remplit d'eau celle de ces chaudières dont on veut faire usage, et au moyen de ce que la vapeur condensée retourne dans les chaudières, la perte en eau se réduit à fort peu de chose.

## PLANCHE III.

Dessin de chaudières à vapeur servant à chauffer des serres chaudes, des orangeries et des serres à pêches, à ananas et à raisins, établies à Haringhay, près de Hornsey, à peu de distance de Londres, et appartenant à M. Stephen Grey.

34. Coupe sur la longueur de la chaudière.

35. Coupe transversale.

36. Indicateur servant à indiquer la quantité d'eau qui se trouve dans le réservoir.

37. Poids.

38. Réservoir en fonte.

39. Soupape de sûreté.

40. Tuyau pourvoyeur ouvert à sa partie supérieure.

41. Verge de fer qui ouvre la soupape du réservoir.

42. Appareil servant à indiquer la quantité d'eau qui se trouve dans la chaudière, et la force de pression de la vapeur.

43. Ventilateur pour conserver la fumée.

44. Plaques en pierre.

FIN DE L'EXPLICATION DES PLANCHES.

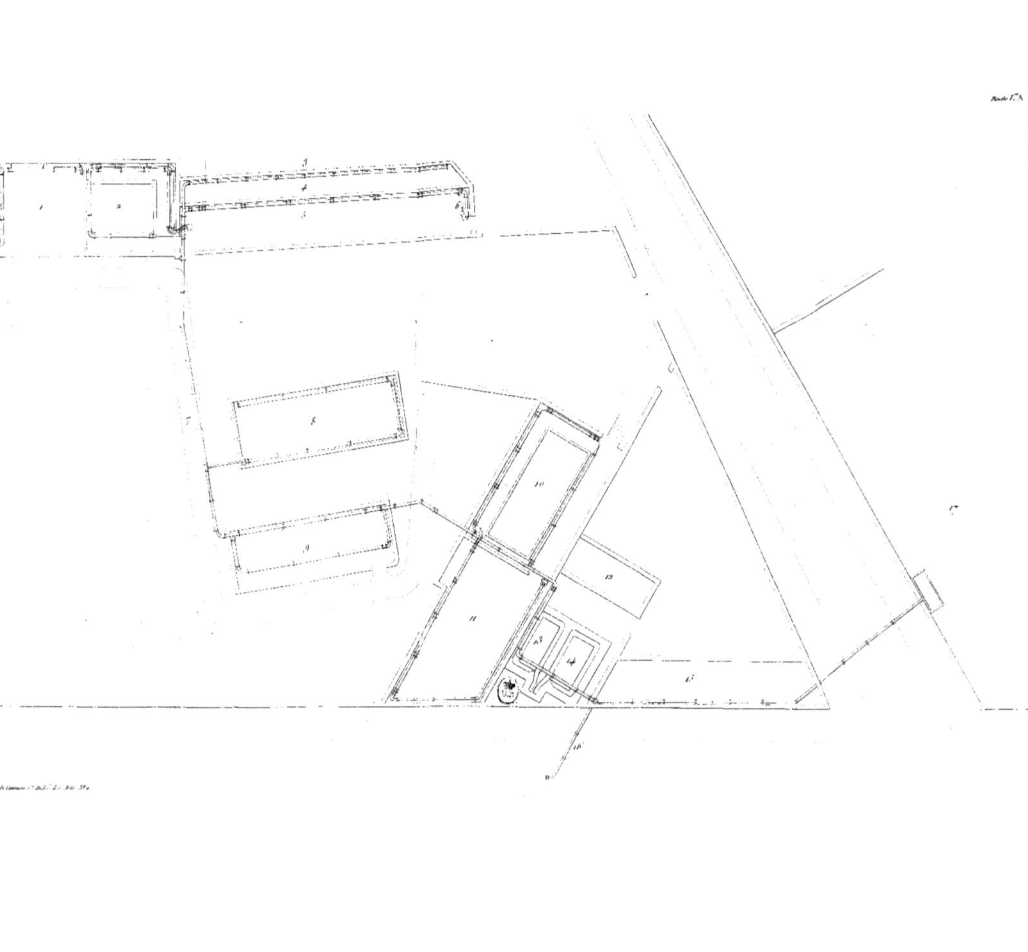

Planche I.A

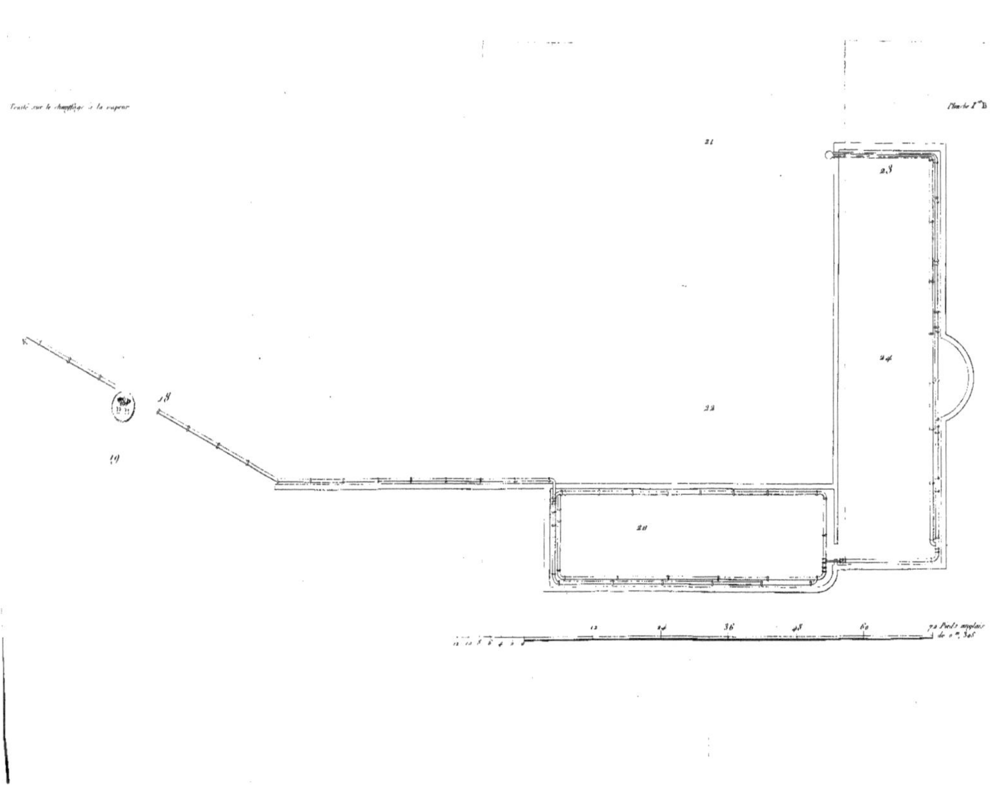
21
2.8
24
22
20
18
19
13   24   36   48   60   72 Pieds anglais
de 0ᵐ.305

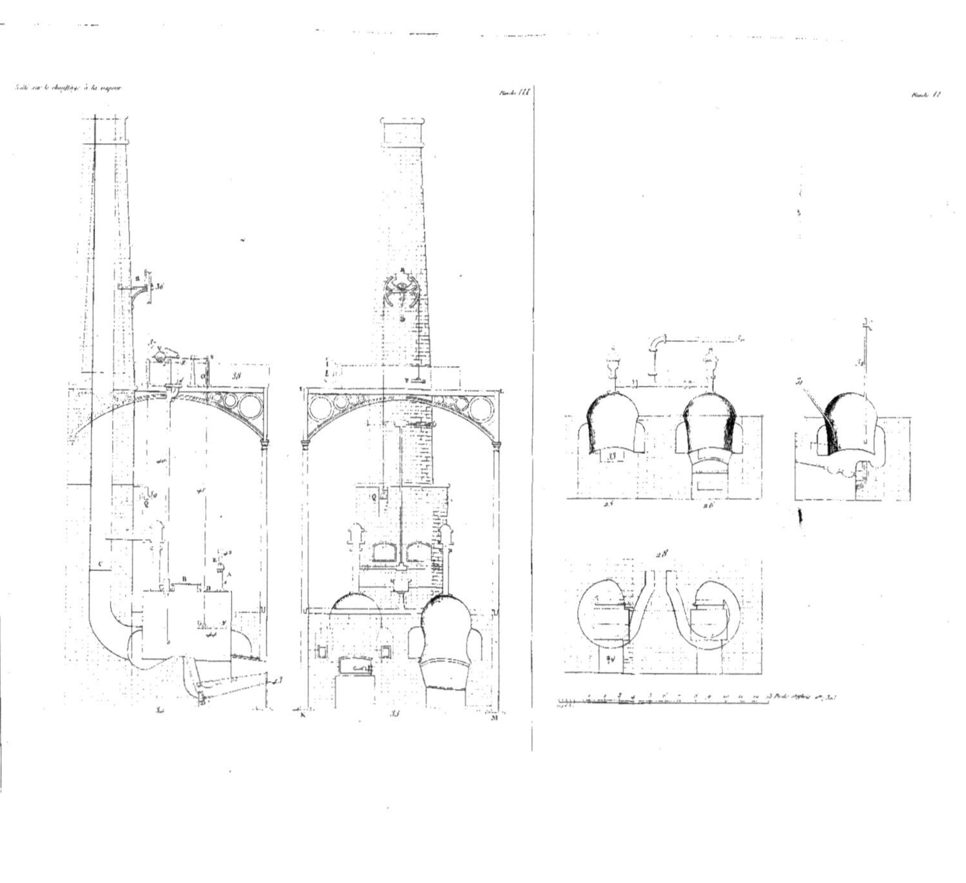

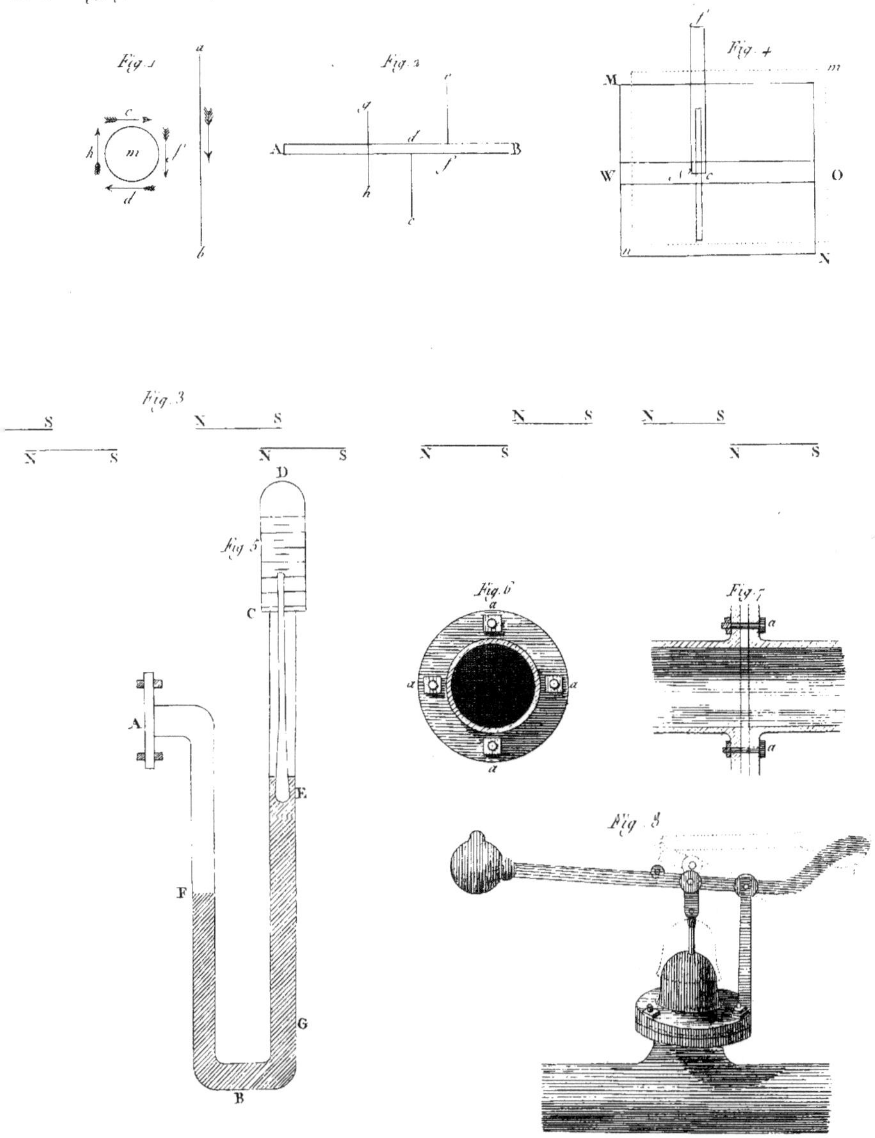

Fig. 1
a
c
h
m
d
f
b
Fig. 2
g
d
A
B
h
c
f
Fig. 4
M
m
W
O
u
N
l
c
Fig. 3
S
N S
N S
N S
N S
N S
N S
N S
Fig. 5
D
C
E
A
F
G
B
Fig. 6
a
a
a
a
Fig. 7
a
a
Fig. 8

# OUVRAGES

## QUI SE TROUVENT

## CHEZ AUDOT, LIBRAIRE,

*Rue des Maçons-Sorbonne*, n° 11,

## A PARIS.

### *Nouvelles Publications.*

**LE BON JARDINIER**, pour l'année 1826,

Contenant des principes généraux de culture; l'indication, mois par mois, des travaux à faire dans les Jardins; la Description, l'Histoire et la Culture particulière de toutes les Plantes potagères, économiques ou employées dans les arts; de celles propres aux Fourrages; des Arbres fruitiers; des Ognons et Plantes à fleurs; des Arbres, Arbrisseaux et Arbustes utiles ou d'agrément; disposés selon la méthode du Jardin du Roi; suivi d'un Vocabulaire des termes de Jardinage et de Botanique; d'un Jardin des Plantes médicinales; d'un Tableau des Végétaux groupés d'après la place qu'ils doivent occuper dans les parterres, bosquets, etc.; et précédé d'une revue de tout ce qui a paru de nouveau en jardinage pendant l'année 1825. *Vingt-septième édition.* Par A. POITEAU, ancien Jardinier en chef des Pépinières royales de Versailles, Botaniste du Roi et Directeur des cultures au habitations royales de la Guyane; des Sociétés d'agriculture de Seine et Oise, et Linnéene de Paris; auteur de l'*Histoire naturelle des Orangers*; rédacteur principal; et VILMORIN, marchand grainier du Roi, membre de la société royale d'Agriculture, de la société horticulturale de Londres, etc. Dédié et présenté à S. A. R. MADAME, duchesse de Berri. Prix : 7 fr. et 9 fr. par la poste.

Le grand débit de cet ouvrage, dû à son mérite réel, nécessite sa réimpression annuelle, et donne les moyens de le tenir toujours à portée des nouvelles connaissances en botanique et en jardinage. Il est le seul qui puisse offrir cet inappréciable avantage.

Beaucoup de compilateurs ignorans ont cherché à profiter de son succès : ils ont imité à peu près son titre, et l'ont mis en tête d'ouvrages qu'ils ont donnés pour neufs, et qui ne contiennent cependant que des copies de vieux livres et de vieilles erreurs. Le public a fait justice de toutes ces supercheries, et il a continué de faire accueil au *Bon Jardinier* comme à celui qu'il trouvait le plus digne de le guider dans ses travaux.

**FIGURES POUR LE BON JARDINIER**, 6ᵉ édition, représentant en 49 planches, contenant plus de 400 objets, les ustensiles le plus généralement employés dans la culture des jardins ; différentes manières de marcotter et de greffer, de disposer et de former les arbres fruitiers ; enfin tout ce qui est nécessaire pour la parfaite intelligence des termes de botanique ou de jardinage.

Ouvrage utile à toutes les personnes qui, possédant *le Bon Jardinier*, veulent cultiver par elles-mêmes ou gouverner leur jardin, marcotter, greffer, palisser, etc., et se familiariser, sans une trop grande application, avec la science de la botanique: *Sixième édition*, revue, corrigée et augmentée. 1 vol. in-12, fig. noires, 4 fr.; fig. coloriées , 12 fr. ; port par la poste. 50 c.

**TRAITÉ SUR LA COMPOSITION ET L'ORNEMENT DES JARDINS ;** avec 97 planches représentant des plans de jardins, des fabriques propres à leur décoration, et des machines pour élever les eaux. *Ouvrage faisant suite à l'*ALMANACH DU BON JARDINIER.

Je dirai comment l'art, dans de frais paysages,
Dirige l'eau, les fleurs, les gazons, les ombrages.
(DELILLE. )

Troisième édition, entièrement refondue, et augmentée de beaucoup de figures d'après les dessins de M. Auguste GARNEREY et autres artistes distingués. 1 vol. in-4°, prix 20 fr. et 25 fr. , franc de port.

Cette TROISIÈME ÉDITION contient 18 plans de jardins de tous genres, des Orangeries, Serres, Bâches, Jardins d'Hiver, avec les détails de leur construction; 28 modèles de Pavillons, Maisons rustiques ou champêtres et Chaumières d'habitation; 14 Portes et Fenêtres ornées; 2 modèles de Glacières; 22 Cabanes; plus de 30 modèles de Barrières, Clôtures de treillages et Siéges rustiques; 11 Ponts; 16 Temples, Chapelles, Ermitages, ex-Voto; Pagodes; 4 Volières; 9 Obélisques et Tombeaux; des Fontaines et autres Monumens; 41 Pavillons d'ornement, rustiques et autres, Belvédères et Lanternes; des Balançoires, Jeu de Bague nouveau, Bascules, Bateaux, Salles de Verdure, etc.; enfin 11 planches donnent les dessins détaillés de beaucoup de Machines simples et économiques pour élever les eaux.

Cet ouvrage renferme, outre l'exposition des principes nécessaires à la composition des jardins, 1º. des tableaux offrant un choix, par ordre de grandeurs, des arbres, arbrisseaux et arbustes qui peuvent résister en plein air; 2º. une liste des espèces à préférer parmi les plantes potagères; 3º. un choix des meilleures espèces de fruits par ordre de maturité; 4º. enfin un tableau des plus belles plantes d'agrément qui peuvent servir à orner les jardins, L'amateur pourra arrêter lui-même le plan de ses jardins, soit pour les établir à neuf, soit pour ajouter à leur embellissement ; il lui deviendra aisé de faire un choix d'arbres et de plantes, et de diriger les plantations et la construction de toutes espèces de fabriques et de machines.

**L'ART DU TOURNEUR**, par M. Paulin Desormeaux, 2 vol. in-12, avec un volume grand in-4°, contenant 36 planches, dont 4 doubles, et deux coloriées. 24 fr., et 29 fr. franc de port.

Tous les journaux de la capitale, et quelques autres, ont parlé avec beaucoup d'éloges de cet ouvrage, attendu depuis long-temps par les amateurs d'un art qui occupe si agréablement les loisirs, et entretient la santé par un exercice doux et modéré. Ils lui ont prédit un honorable succès, et ces prédictions se sont pleinement réalisées. L'Auteur avait entrepris de donner des leçons tellement claires, qu'il fût possible d'apprendre à tourner en les lisant avec application, et en joignant une pratique bien dirigée et constante à leur théorie. « Le temps seul, disait-il, pourra faire connaître si j'ai « réussi, et si ce que je pense avoir exprimé clairement sera facile- « ment compris. » Ce doute est maintenant dissipé, et les lettres flatteuses qui lui sont parvenues de beaucoup de départemens ont fait connaître à l'Auteur qu'il avait touché le but désiré. Le *Bulletin scientifique* de M. le baron de Férusac, § *Mécanique*, et la *Revue encyclopédique*, n'ont pas hésité à donner à ce livre la préférence sur tous ceux qui ont paru jusqu'à ce jour sur la même matière.

**PRINCIPES DE L'ART DU TOUR**. Extraits de l'ouvrage de M. Paulin Desormeaux par l'auteur. 1 vol. in-12 avec 6 planches gravées, 3 f. 50 c. et 4 f. 50 c. par la poste.

« M. Desormeaux a fort bien fait de rédiger lui-même l'Extrait « de son Ouvrage. Dans cet Abrégé, rien de ce qui est essentiel n'a « été omis, et il renferme tout ce qu'il est utile qu'un commençant « connaisse. C'est un très-bon Travail, qui doit être distingué de « ceux que l'on voit éclore chaque matin, et dont l'existence se fait « à peine apercevoir à la fin de la journée. » (*Revue encyclopédique*, *tome* 27.)

**TRAITÉ** théorique et pratique SUR LE CHAUFFAGE DES SERRES ET HABITATIONS AU MOYEN D'APPAREILS A LA VAPEUR, traduit de l'anglais de Bayley et du Hollandais de M. G. Moll. 1 vol. in-8°, avec 4 grandes planches gravées, dont une coloriée. Prix : 5 fr.

**LE PROPRIÉTAIRE ARCHITECTE**, contenant un précis sur les Constructions en général, des modèles de Maisons de ville et de campagne, de Remises,

Écuries, Orangeries, Serres, etc., ainsi qu'un résumé des nouvelles découvertes relatives aux constructions. Ouvrage utile aux entrepreneurs de bâtimens, aux architectes et ingénieurs, et principalement AUX PERSONNES QUI VEULENT DIRIGER ELLES-MÊMES LEURS OUVRIERS. Par Urbain VITRY, architecte, et gravures par M. HIBON, architecte-graveur.

Cet ouvrage, contenant environ 100 planches de format in-4o, sera publié en 4 livraisons, du prix d'environ 9 fr. chacune, et dont la première sera mise en vente en mai (1826).

*Sous Presse.* TRAITÉ CLASSIQUE ET HISTORIQUE DES ARBRES EXOTIQUES acclimatés depuis 60 ans en France, avec un aperçu des ressources qu'ils offrent aux habitans des contrées qui les produisent, et des avantages qu'on peut en retirer ; suivi d'une méthode de les cultiver ; par M. MADIOT, directeur de la pépinière royale de naturalisation du Rhône, membre de plusieurs sociétés savantes d'agriculture du royaume et de l'étranger. 2 vol. in-8°, ornés de 50 fig. Prix, 6 fr. le vol., pour les Souscripteurs.

ŒUVRE DE JEAN GOUJON. Cet OEuvre de notre premier sculpteur sera publié incessamment en 10 livraisons, sur même format que l'OEuvre Canova. *Voyez* page 19.

VOYAGE PITTORESQUE DANS LE ROYAUME DES PAYS-BAS, dédié à S. A. R. Madame la Princesse d'Orange, et rédigé par M. de Cloet. 2 vol. in-4°. Prix. 126 fr.

Cet Ouvrage se compose de 20 très-jolies lithographies, dessinées sous la direction de M. Johard, lithographe du Roi des Pays-Bas.

Les Paysages de la Hollande et de la Belgique, surtout ceux des Provinces de l'Est, sont moins vantés et cependant offrent, pour la plupart, autant d'intérêt que ceux de la Suisse. On verra avec plaisir les nombreuses vues de Bruxelles, Liége, Namur, Dinant, Spa, Maëstricht, Luxembourg, Amstordam, Leyde, La Haye, Anvers, Bruges, Gand, Louvain, Mons, et de leurs environs.

Dans les Notices qui accompagnent les gravures, on a donné une idée des sites les plus remarquables, et rappelé les événemens historiques et les faits qui peuvent intéresser le Voyageur.

DESCRIPTION géographique, historique et commerciale DE JAVA et des autres îles de l'ARCHIPEL INDIEN ; par MM. Raffles, ancien gouverneur général anglais à BATAVIA, et John Crawfurd, ancien résident à la cour du sultan de Java; contenant des détails sur les Mœurs, les Arts, les Langues, les Religions et les Usages des Habitans de cette Partie du Monde ; Ouvrage traduit de l'anglais par M. Marchal, et orné de 48 gravures, dont 10 coloriées, et de 2 cartes. Prix. 73 fr. 50 c.

Ces Iles offrent, sous le rapport géographique et commercial, le plus grand intérêt. Les Antiquités que renferme Java, et qui ont été récemment découvertes, sont de nature à piquer la curiosité aussi vivement que celles de l'Égypte.

---

**PETITE ENCYCLOPÉDIE DES HABITANS DE LA CAMPAGNE**, ou Elémens de l'Agriculture et des sciences qui s'y rapportent; deuxième édition.

Contenant des instructions élémentaires sur l'Univers, le Mouvement des Astres, les Saisons, la Physique, la Mécanique et la Chimie ; l'Histoire naturelle de la Terre ou Géologie, de l'Air ou Météorologie, des Animaux ou Zoologie, des Plantes ou Botanique ; l'Histoire de l'Agriculture ; tous les travaux agricoles et domestiques divisés mois par mois ; suivis d'une Bibliographie rurale choisie, à l'usage de ceux qui veulent acquérir de plus amples connaissances ; par M. DESLANDES, correspondant du conseil établi auprès du ministre de l'Intérieur, de la société royale d'Agriculture, de la société des Arts de la Sarthe, etc. 1 gros vol. 3 fr., et 4 fr. 30 c. par la poste.

**DE L'AGRICULTURE DES ANCIENS** ; par Adam Dickson ; traduit de l'anglais. 2 vol. in-8°, 10 fr.

Cet Ouvrage renferme une description raisonnée des travaux de grande culture et de jardinage des anciens. C'est un *Cours d'Agriculture des anciens* extrêmement curieux.

**HISTOIRE DE L'AGRICULTURE FRANÇAISE**, précédée d'une Notice sur l'Empire des Gaules, et sur l'Agriculture des anciens; par M. le baron de la Bergerie. 1815, 1 vol. in-8, 6 fr.

**COURS D'AGRICULTURE**, ou L'AGRONOME FRANÇAIS, par une Société de Savans, d'Agronomes, et de propriétaires fonciers; et dirigé par M. le baron Rougier de la Bergerie. 8 vol. in-8°. 60 fr.

« Qui fait aimer les champs, fait aimer la vertu.»

Ce Cours, dirigé par le collaborateur des *Rosier*, *Parmentier*, *Vilmorin*, etc., se fait remarquer par ses méthodes essentiellement pratiques.

**ALMANACH DU CULTIVATEUR**, ou l'Année rurale de France; par un Agronome. Année 1819, avec le portrait d'OLIVIER DE SERRES. 1 vol. in-18.

# LA MAISON DE CAMPAGNE, par M^me Aglaé ADANSON.

> Heureux qui dans le sein de ses dieux domestiques
> Se dérobe au fracas des tempêtes publiques,
> Et, dans un doux abri, trompant tous les regards,
> Cultive ses jardins, les vertus et les arts.
>
> DELILLE, *Géorg. fr.* ch. 11.

deux gros volumes in-12, accompagnés de planches. Prix : 6 fr., et 8 fr. par la poste.

Cet ouvrage expose les avantages de la vie champêtre, et enseigne tout ce qui doit se pratiquer dans une maison de campagne.

On traite de la distribution de la maison et de son ameublement; du fruitier, du pigeonnier, de la cave, de la laiterie, des animaux domestiques, et de tous les détails de la basse-cour; des domestiques et des ouvriers; de la manière de tenir ses comptes, etc., etc. Tous les soins à donner à la cuisine et au jardin d'utilité et d'agrément y sont décrits dans le plus grand détail. Fruit de l'expérience et d'immenses travaux, il ne ressemble à aucun des livres qui ont paru jusqu'à présent sous les titres de *Maisons des champs*, *Ménages des champs*, etc., les uns trop anciens, et les autres faits par des compilateurs ignorans. Tout ce qui est enseigné par M^me ADANSON pourra être pratiqué avec succès, parce qu'elle n'avance rien qu'elle n'ait exécuté elle-même.

La *Maison de campagne* a obtenu un succès égal à celui du *Manuel de* M^me *Pariset :* les dames aiment à les lire et relire; elles y trouvent du plaisir d'abord, et ensuite les moyens de fixer chez elles, soit à la ville, soit aux champs, ce *bien-être* après lequel nous courons tous, et si souvent en vain.

# MANUEL DE LA MAITRESSE DE MAISON, ou Lettres sur l'Economie domestique; par madame PARISET. 1 v. in-18. fig. 3 f., et 3 f. 50 c. par la poste.

« Ce livre (dit un journal), sera désormais un complément
« nécessaire à l'éducation des jeunes femmes sur le point d'entrer
« en ménage. C'est pour elles principalement que M^me Pariset a
« composé son Manuel; il renferme le fruit de ses observations,
« les conseils de son expérience. Ces conseils sont doux : ils en-
« seignent à trouver le bonheur dans le bon ordre, et la richesse
« dans l'économie. Ils seront du goût des maris, et j'en connais
« déjà qui regardent le livre de M^me Pariset comme *la charte
« constitutionnelle des ménages.* Ils conviendront aux femmes,
« car ils renferment les avis de la sagesse, écrits du ton naturel
« et simple qui sied à l'amitié et qui la rend persuasive. En écri-
« vant pour son sexe, M^me Pariset n'a point renoncé au don de
« plaire; elle parle aux femmes leur langage; l'utilité de ses pré-
« ceptes n'en bannit point l'agrément. On fera bien de pratiquer
« ses conseils et de relire souvent ses anecdotes. »

« Le Manuel de la maîtresse de maison (dit un autre journal),

« connu et justement apprécié par tout le monde, est à sa se-
« conde édition. Ce petit *vade mecum*, ou *nécessaire* d'une bonne
« ménagère, sera de plus en plus en vogue. Il est indispensable
« à nos jeunes Françaises, chez qui l'on trouve réunis les agrémens
« de la société et les qualités qui distinguent la mère de famille,
« ou la maîtresse de maison. Nous plaignons d'avance la jeune
« dame qui ne pourrait pas répondre affirmativement à cette
« question : Avez-vous lu le Manuel de la maîtresse de maison? »

TRAITÉ DE L'ÉDUCATION DES ANIMAUX DO-
MESTIQUES, suivi des moyens les plus simples et
les plus sûrs de les multiplier, de les entretenir en
santé et d'en tirer le plus d'avantages possibles; par
M THIÉBAUT DE BERNEAUD. 2 vol. in-12, avec fig. 7 fr.,
et 9 f. par la poste.

Ce Traité et le suivant, sont les plus complets que l'on possède
sur les animaux domestiques.

TRAITÉ DES OISEAUX DE BASSE-COUR et du
Lapin domestique; contenant l'indication des soins
qu'exigent ces divers animaux, pour en tirer le plus d'a-
vantages possibles; et les procédés les plus sûrs pour
l'engraissement des volailles. Ouvrage faisant suite au
*Traité de l'Éducation des Animaux domestiques*. Par
M. J. L. R. 1 vol. in-12, avec deux planches gravées.
2 fr. 50 c., et 3 f. par la poste.

> « Sans une économie domestique bien entendue,
> « combien de choses utiles sont perdues! »

LA LAITERIE, ou Art de traiter le laitage, de faire le
beurre, et de préparer les diverses sortes de fromages.
1 vol. in-12, 1 fr. 50 c., et 1 fr. 80 c. par la poste.

ESSAI SUR L'ART DE FAIRE LE VIN, extrait du
*Cours d'Agriculture* dirigé par M. le Baron ROUGIER
de la BERGERIE. In-8. 2 fr. 50 c., et 3 fr. par la poste.

OBSERVATIONS sur l'Appareil vinificateur de M<sup>lle</sup>
Gervais; par M. Delavau, propriétaire. In-8. 3 fr.

RAPPORT sur le Procédé vinificateur de Mademoiselle
Gervais ; par le même. In-8. 1 fr. 50 c.

LA CUISINIÈRE DE LA CAMPAGNE et de la Ville,
ou la NOUVELLE CUISINE ECONOMIQUE, précédée d'instructions sur la Dissection des viandes à
table, et suivie de recettes précieuses pour l'économie
domestique, et d'un Traité sur les soins à donner aux
caves et aux vins. *Dédiée aux bonnes ménagères*, par

M. L. E. A. Avec 11 planches gravées, dont une coloriée. Quatrième édition, contenant un grand nombre d'augmentations. 1 vol. in- 12. Prix : 3 fr., et 4 f. par la poste.

La Cuisinière Bourgeoise et tous les livres qui l'ont copiée, sont trop vieux ; leurs mets ne sont plus du goût des gastronomes du dix-neuvième siècle. D'un autre côté, les ouvrages nouveaux sur la cuisine supposent à leurs lecteurs 5o mille fr. de rente et des cuisiniers fort habiles ; la *cuisine économique* que nous annonçons a si bien su éviter ces excès, qu'elle est parvenue en très-peu de temps à sa troisième édition. Elle doit son succès à la bonté et à la simplicité de ses recettes, qui sont à la portée de toutes les fortunes et de toutes les intelligences.

LA CHARCUTERIE, ou l'Art de saler, fumer, apprêter et cuire toutes les parties différentes du cochon et du sanglier, *pour faire suite à la Cuisinière de Campagne.* 1 vol. in-12, 1 fr., et 1 fr. 25 par la poste.

LA PATISSIÈRE DE LA CAMPAGNE ET DE LA VILLE, suivie de l'Art de faire le pain d'épices, les gaufres, oublies, etc. ; *pour faire suite à la Cuisinière de Campagne.* 1 vol. in-12. 1 fr. 5o c., et 2 fr. par la p.

L'ART DE CONSERVER ET D'EMPLOYER LES FRUITS, contenant tous les procédés les plus économiques pour les dessécher et les confire, et pour composer les liqueurs, vins liquoreux artificiels, sirops, glaces, boissons de ménage, etc. ; *pour faire suite à la Cuisinière de Campagne.* 2e édit., entièrement refondue, et augmentée de beaucoup de recettes nouvelles. 1 fr. 5o c., et 2 fr. par la poste.

L'extrême utilité de ces ouvrages les fait rechercher de toutes les personnes qui aiment à jouir sans luxe des plaisirs de la table.

MANUEL DES ETANGS, ou Traité de l'art d'en construire avec économie et solidité ; dans lequel, après avoir rappelé l'origine historique et les rapports physiques et agronomiques des étangs, on indique les meilleurs moyens pour les empoissonner, les modes les plus sûrs pour en faire la pêche et transporter au loin les poissons ; leur utilité publique sous le rapport des irrigations et des lois ou usages de la police rurale. Par M. le baron de la Bergerie. 1 vol. in-12, avec fig. Prix 2 fr. 5o c., et 3 f. par la poste.

LES FORETS DE LA FRANCE ; leurs rapports avec

les climats, la température et l'ordre des saisons, la prospérité de l'Agriculture et de l'Industrie. Par le même. 1817, in-8, 5 fr.

MANUEL des Propriétaires et Régisseurs de bois et forêts ; par M. Noirot, géomètre des eaux et forêts, membre de la Société académique des Sciences de Paris. 1 vol. in-12. 3 f. 50 c., et 4 f. 50 c. par la poste.

DE L'AMENAGEMENT et de l'exploitation des forêts qui appartiennent aux particuliers ; par le même. 1 vol. in-12 broch., 2 fr., et 2 fr. 50 c. par la poste.

L'ART DU TAUPIER, ou Méthode amusante et infaillible pour prendre les Taupes, par M. DRALET ; ouvrage publié par ordre du Gouvernement. Quatorzième édition, corrigée et augmentée. Paris 1824. 1 vol in-12, avec planche gravée. 1 fr., et 1 fr. 25 c. par la poste.

..... Aussi, n'est-ce qu'après vingt ans d'un travail assidu, que le sieur Aurignac est parvenu à savoir prendre en vie, dans une matinée, toutes les Taupes d'un héritage..... *Page* 8.

TRAITÉ GENERAL DE TOUTES LES CHASSES à courre et à tir, contenant des principes sûrs pour la propagation du gibier et la destruction des animaux nuisibles ; un précis de la législation ; la meilleure méthode de dresser et soigner les chevaux et chiens de chasse ; des observations importantes sur le choix et l'usage du fusil, et enfin l'histoire naturelle des animaux qui se trouvent en France et la manière de les chasser ; suivi d'un Vocabulaire explicatif des termes usités par les chasseurs, et des nouvelles fanfares que l'on sonne en chasse ; orné de trente-six planches ; *ouvrage entièrement neuf.* Par une société de chasseurs, et dirigé par M. JOURDAIN, inspecteur des forêts et des chasses du roi ; dédié à M. le lieutenant-général COMTE DE GIRARDIN, premier veneur de la couronne. 2 vol. in-8°. Prix broch. 20 fr., et 22 fr. 50 c. par la poste.

Les amateurs de la chasse trouveront dans cet ouvrage tout ce qui peut les intéresser. Il contient les moyens à employer pour élever les jeunes chiens, les soigner dans leurs maladies et les dresser aux diverses chasses, et notamment à celle au fusil ; l'indication des qualités à rechercher dans un cheval de chasse, et la méthode à suivre pour l'habituer au bruit des armes et en faire un bon cheval d'arquebuse ; des observations importantes sur la composition du fusil, les culasses à chambres et les nouvelles platines pour l'usage des amorces de muriate sur-oxigéné de potasse ; des détails sur la fabrication de la poudre et du plomb de chasse, sur la manière de charger, et le choix du plomb suivant le gibier et la saison ; enfin des principes raisonnés sur la manière de bien tirer. Il renferme en outre les procédés consacrés par l'expérience pour peupler une terre d'une espèce quelconque de gibier, les soins qu'exige la conservatiodes chasses sous le rapport de la destruction des animaux nuisis bles ; enfin les lieux qu'habitent les diverses espèces de gibier, leurs mœurs, les époques de passage et les diverses chasses qu'on leur fait.

Tous les principes émis dans cet ouvrage ont été sanctionnés par une pratique éclairée, et les jolies gravures dont il est orné le rendent tout à la fois utile et agréable.

**TRAITE DES CHASSES AUX PIEGES**, supplément au *Traité général de toutes les Chasses*, contenant la description de tous les piéges, et la manière de prendre les liévres et lapins, et les diverses espèces d'oiseaux qui se trouvent en France ; *ouvrage entièrement neuf, par les auteurs du Pêcheur français*, orné d'un grand nombre de planches nouvelles, représentant les piéges, les ustensiles, et les principales espèces d'oiseaux. 2 vol. in-8. Prix : 10 fr., et 12 fr. par la poste.

Cet ouvrage qui contient la description de tous les piéges et leur usage contre les oiseaux, les liévres et les lapins, est pour les grands propriétaires le supplément indispensable au traité général des chasses, et pour les paisibles habitans de la campagne un moyen de se créer des occupations à la fois agréables et productives.

**ART DE MULTIPLIER LE GIBIER** et de détruire les animaux nuisibles, contenant la meilleure méthode de propager, entretenir et conserver le gibier, tant en liberté que dans les parcs ; les moyens de le prendre vivant et de le transporter ; les fonctions des gardes-chasse ; un précis de la législation, et la description de tous les piéges employés pour détruire les bêtes carnassières et les oiseaux de proie, — Extrait du Traité général des chasses, dédié à M. le comte de GIRARDIN, premier veneur de la couronne ; par une société de chasseurs. 1 vol. in-12, avec 12 planch. gravées. 3 fr., et 3 fr. 75 c. par la poste.

**TRAITE COMPLET DE LA CHASSE AU FUSIL,**

dans lequel on indique les moyens de faire choix d'un fusil, les perfectionnemens adaptés à cette arme pour l'emploi des amorces de muriate sur-oxigéné de potasse ; la manière d'élever et d'instruire les chiens de chasse, et de soigner leurs maladies ; celle de dresser un cheval d'arquebuse ; des principes généraux pour bien tirer et se conduire à la chasse ; et enfin, la manière de chasser au fusil toutes les espèces d'animaux qui se trouvent en France. — Extrait du Traité général des chasses, dédié à M. le comte de GIRARDIN, premier veneur de la couronne ; par une société de chasseurs. 1 gros vol. in-12, orné de 8 planches gravées. 5 fr., et 6 fr. 50 c. par la poste.

**LE PÊCHEUR FRANÇAIS**, ou Traité de la Pêche à la Ligne et aux Filets, en eau douce ; contenant l'histoire naturelle des Poissons, la manière de pêcher les différentes espèces, et l'art de fabriquer les filets ; par M. KRESZ aîné, pêcheur. Suivi d'un précis des lois, et règlemens sur la pêche, et orné de figures représentant les Poissons et tout ce qui est relatif à la pêche. 1 vol. in-12. 5 fr., et 6 fr. par la poste.

Les ouvrages qui, jusqu'à ce jour, ont traité de la pêche, ne l'ont fait que d'après d'anciens livres remplis d'erreurs et de méthodes extrêmement fautives. On ne trouvera pas dans celui-ci de recettes assurées pour faire des pêches miraculeuses qui, le plus souvent, ne produisent pas un goujon ; mais bien des moyens simples dont le succès couronne toujours l'emploi, et qui sont le fruit de la longue pratique de l'auteur.

**LE CABINET D'HISTOIRE NATURELLE**, formé des productions du pays que l'on habite, avec la méthode de classement, l'art d'empailler les animaux et de conserver les plantes et les insectes. Dédié à M. le Baron CUVIER. 2 vol. in-18, fig., 6 fr., et 7 fr. par la poste.

Cet ouvrage vient convenablement se placer à la suite de Traités de chasse et de pêche ; en effet, lorsqu'un chasseur ou un pêcheur devra à son adresse la possession d'un animal digne d'être conservé, il sera bien aise d'en connaître les moyens. L'auteur du cabinet d'histoire naturelle donne à cet égard d'excellens procédés qu'il a su rendre d'une exécution facile, et sa méthode de classement met à même de reconnaître aisément le genre et l'espèce de l'animal que l'on aura sous les yeux, et de se former un petit cabinet d'histoire naturelle.

**LE JARDINIER DES FENÊTRES**, des appartemens et

des petits jardins. 1 vol. in-18 avec 2 planches gravées.
2 fr., et 2 fr. 50 c. franc de port.

**L'AGRONOME DES QUATRE SAISONS.** 1 fr., et 1 fr.
30 c. par la poste.

Douze tableaux, disposés comme les almanachs de cabinet,
présentent chacun le détail des travaux à faire au jardin pendant
le mois dont il porte le nom ; l'indication des époques des se-
mis, ainsi que la manière de les faire ; celle du temps des ré-
coltes en fruits, légumes et fleurs ; enfin, les proverbes ruraux et
les pronostics, ainsi que le calendrier où sont particulièrement
indiqués les fêtes et les saints que les agriculteurs ont coutume
de nommer.

L'amateur et le jardinier, en jetant un coup d'œil sur ces tableaux, y trouveront un mémorial fidèle de leurs travaux jour-
naliers.

**BEAUTÉS DU JARDINAGE**, ou Recueil de morceaux
choisis, en prose et en vers, pour les amateurs des
dons de Pomone et de Flore. 1 vol. in-12, 1 fr. 25 c.,
et 1 fr. 75 c. par la poste.

M. Popplin, auteur de ces deux ouvrages, a été admis à l'hon-
neur de les présenter au Roi et à la famille royale.

**LES QUATRE SAISONS**, médaillons de 3 pouces, supérieurement gravés par *Vallot* d'après les dessins de
*Girodet*. 1 fr. 25 c. franc de port.

Les figures allégoriques des saisons sont les dieux pénates de
l'ami de la nature : elles doivent toujours avoir leur place dans
son habitation champêtre.

**LE JARDIN FRUITIER**, contenant l'histoire, la description, la culture et les usages des arbres fruitiers, des
fraisiers et des meilleures espèces de vignes qui se trouvent en Europe ; les usages des fruits sous le rapport
de l'économie domestique et de la médecine ; des
principes élémentaires sur la manière d'élever les arbres, sur la greffe, la plantation, la taille, et tout ce
qui a rapport à la conduite d'un jardin fruitier ; par
M. NOISETTE, cultivateur, botaniste et pépiniériste, et
rédigé par M. A. GAUTIER, docteur en médecine :
ouvrage orné de 220 figures de fruits coloriés d'après
nature. 3 vol. in-4°, sur papier grand-raisin fin.

Les noms des auteurs de ce bel ouvrage le recommandent plus
que tout ce que nous pourrions dire pour faire son éloge.

Prix : Figures noires, broché........ 37 fr. 50 c.
   — Figures coloriées, broché.... 225

## LA BOTANIQUE DES DAMES. 3 vol. in-18. 9 fr., et 10 fr. par la poste.

L'auteur s'est attaché à présenter la science sous un point de vue neuf, instructif et amusant; il a dit sur chaque plante tout ce qu'il y avait d'intéressant à en savoir; il a donné l'histoire de ses mœurs, de ses habitudes, et enseigné ses propriétés; un *genera* offre le moyen de classer et nommer les végétaux que l'on rencontre dans la campagne. Ce que les meilleurs poëtes ont dit d'aimable sur les fleurs est cité dans l'histoire des familles.

Voici le jugement qu'a porté de cet ouvrage le *Courrier Français* du 20 septembre 1821. « *La Botanique des Dames* mérite « les suffrages du public. Les leçons de M. Boitard sont pleines « tout à la fois de concision et de clarté. Il est difficile de pré- « senter une image plus nette et plus fidèle des objets; et le soin « qu'il a constamment de rapporter l'observation des végétaux à « celle des autres productions de la nature, fait, de son petit « Traité, un ouvrage tout-à-fait philosophique. »

## FLORE DE LA BOTANIQUE DES DAMES. 1 v. in-18. cartonné. Fig. noires, 9 fr.; fig. coloriées, 20 fr. (Ce volume ne peut être envoyé par la poste.)

Sous le titre de *Flore*, un herbier artificiel fait partie de *la Botanique des Dames*; il renferme, outre quatre planches de principes, quatre cent plantes les plus jolies et les plus intéressantes, classées selon le système de Linné. Les plantes sont dessinées en miniature, mais cependant dans des proportions suffisantes pour présenter à l'œil d'une manière très-ressemblante l'aspect caractéristique de chaque espèce.

Cette Flore, d'une exécution très-soignée, est ce qui a paru de mieux jusqu'à présent dans ce genre de collection portative. La modicité de son prix mettra les personnes qui ne peuvent atteindre à des ouvrages de luxe, dans le cas de les remplacer d'une manière aussi avantageuse que possible.

*La Botanique* et *la Flore* se vendent séparément: cette dernière peut être utile et agréable à tous les amateurs de fleurs et à tous les possesseurs de *l'Almanach du Bon Jardinier*.

## HERBIER GENERAL DE L'AMATEUR, contenant la description, l'histoire, les propriétés et la culture des végétaux utiles et agréables; dédié au Roi, par feu Mordant de Launay; continué par M. Loiseleur-Deslongchamps, avec figures peintes d'après nature par M. P. Bessa, peintre d'histoire naturelle.

Il en paraît chaque mois une livraison de six planches, accompagnées de leur texte en regard, et supérieurement coloriées au pinceau, par des artistes habiles. L'ouvrage aura 8 volumes, dont chacun se compose de 12 livraisons. La 90e a paru en décembre 1825.

Prix de la livraison :

Format in-8. , sur nom de Jésus, papier fin........... 9 fr.

    *Idem* ,         *Idem* ,       pap. vélin satiné.... 12

Format in-4. ; sur grand raisin vélin satiné........... 21

Le port, par la poste , est de 25 cent.

Les personnes qui ne voudraient pas faire à la fois l'acquisition de toutes les livraisons, trouveront dans la nouvelle souscription dont nous allons parler , la facilité de se les procurer en ne dépensant par mois qu'une légère somme.

## NOUVELLE SOUSCRIPTION.

La réimpression des premiers volumes donne à l'éditeur le moyen d'ouvrir une seconde souscription.

La première livraison de cette nouvelle souscription est en vente et les autres paraîtront régulièrement de mois en mois.

La seconde souscription ne sera , sous aucun rapport , inférieure à la première : le même papier sera employé , et les gravures seront coloriées avec la même perfection.

L'ouvrage que nous annonçons se compose de la plus riche partie du domaine de Flore. Il offre l'image fidèle des fleurs les plus belles, et des plantes les plus intéressantes parmi celles que l'on cultive en France pour l'ornement des jardins , ou que l'on entretient à grands frais dans les serres. Ces brillans végétaux, si recherchés des amateurs, sont représentés avec une vérité de formes et de couleurs tellement exacte que leurs figures peuvent servir de modèle aux artistes. L'herbier de l'amateur a copié le grand livre de la nature , mais il n'en reproduit que les plus belles pages ; c'est un parterre toujours fleuri, contre lequel les aquilons sont impuissans. Là , chaque pas procure de nouvelles jouissances en dévoilant les secrets d'une science aimable où tout est charme et agrément.

En possédant cet ouvrage, on ne connaît plus le terme de la saison de Flore, et , loin des champs comme au sein des frimas , on retrouve ces jolies fleurs dont l'art, d'une main habile, a su conserver les vives couleurs et tous les caractères de la végétation.

Chaque plante figurée est accompagnée des détails de sa fleur ; ainsi le botaniste y trouvera un mémorial de ses connaissances , et celui qui aspire à le devenir , un guide qu'il pourra suivre avec confiance. C'est surtout avec cet ouvrage que l'amateur et le jardinier s'entendront facilement ; l'un aura la certitude de faire un choix qui lui convienne , en examinant les portraits des plantes précieuses qui se trouvent dans le Commerce ; l'autre pourra faire connaître ce qu'elles sont dans leur floraison , lors même que la rigueur de l'hiver les aurait dépouillées de leur parure ; enfin, dans tous les temps, le dessinateur , le peintre et le manufacturier y trouveront des modèles aussi vrais que s'ils imitaient ces végétaux eux-mêmes dans toute la fraîcheur de la nature.

Il était difficile de réunir plus d'utilité et d'agrément dans un ouvrage d'un format commode et d'un prix accessible même aux fortunes médiocres. Tel était cependant le but que s'est proposé l'éditeur, et le succès qu'il obtient attesterait assez que ce but a été atteint, quand les éloges multipliés des journaux et les suffrages des savans n'auraient pas confirmé et justifié l'accueil favorable du public.

Les figures sont toutes dessinées d'après nature et sur des plantes vivantes par M. Bessa, l'un de nos premiers peintres d'histoire naturelle.

Les noms des auteurs seraient une garantie suffisante pour le public, quand nous annoncerions une collection à faire; mais ici on peut se convaincre du mérite réel de l'ouvrage, puisque sur environ 576 planches qu'il doit contenir, plus de 550 sont déjà gravées et coloriées et leur texte imprimé. Les amateurs trouvent donc un double avantage dans cette souscription, c'est la certitude qu'elle ne sera pas interrompue, ni poussée au-delà des limites prescrites.

**MONOGRAPHIE DU GENRE ROSIER**, trad. de l'anglais de M. S. LINDLEY, avec des notes de M. JEOFFRIN, et des changemens importans; suivie d'un Appendice sur les Roses cultivées dans les jardins de Paris et des environs. Par M. DE PRONVILLE, membre de la Société d'Agriculture de Versailles, et de plusieurs autres Sociétés. 1 vol. in-8°. 3 fr. 50 c., et 4 fr. 50 c. par la poste.

L'auteur a divisé le genre rosier en deux sections relatives à la forme des fruits, et groupé les espèces en 11 tribus, avec une synonymie complète. Dans le tableau général, fait par M. de Pronville, et qu'il a intitulé *Appendice*; il indique 329 espèces, variétés et sous-variétés choisies, cultivées dans les environs de Paris : il donne leurs descriptions sommaires, et les noms qu'elles portent dans les différens jardins.

Avec cet ouvrage, chaque amateur pourra déterminer à quelle espèce appartient telle ou telle rose qu'il possède sans la bien connaître, et il lui sera facile de se former une collection, soit sous le rapport botanique, soit sous celui de pur agrément.

**HISTOIRE NATURELLE DES ORANGERS**, dédiée à S. A. R. MADAME, duchesse de Berry; par A. Risso, ancien professeur des sciences physiques et naturelles au lycée de Nice, membre associé des Académies d'Italie, de Genève, de Marseille, de Turin, de la société philomatique de Paris, etc.;

Et A. Poiteau, botaniste, peintre d'histoire naturelle, ancien jardinier en chef des pépinières royales à Versailles, membre de la société d'agriculture et des arts de Seine-et-Oise.

> Tel l'or pur étincelle au milieu des métaux,
> Tel brille l'oranger parmi les arbrisseaux.
> Seul, dans chaque saison, il offre l'assemblage
> De fruits naissans et mûrs, de fleurs et de feuillages.
>
> CASTEL, *Les Plantes*, IV.

Ouvrage orné de 109 fig. dessinées et coloriées d'après nature.

Prix : Grand in-4, figures noires, . . . . . . . . . . 45 fr.
      Grand in-4, figures coloriées, . . . . . . . . 216
      Grand in-fol., pap. vélin satiné, fig. coloriées. 450

Les Grecs avaient été tellement frappés des merveilleuses qualités de l'oranger, qu'ils crurent que la possession de son fruit précieux n'avait pu être pour l'homme que la récompense de grands travaux. Les pommes d'or étaient gardées dans le jardin des Hespérides par un dragon terrible ; Hercule seul put le vaincre ; et ces fruits divins furent le prix de sa victoire.

Mais nous n'avons pas besoin de cette fabuleuse origine pour exciter notre admiration en faveur des orangers ; il suffit de les connaître pour convenir qu'il n'est pas d'arbre plus digne de nos éloges. Leur port est élégant et gracieux à la fois ; leur feuillage, qu'un beau vernis rend brillant, est toujours vert ou agréablement panaché ; leurs fleurs blanches ou légèrement colorées n'ont point, comme beaucoup d'autres, une durée seulement éphémère ; elles répandent long-temps leur délicieux parfum, et lorsqu'elles viennent à se flétrir pour former des fruits, elles sont remplacées par de nouvelles fleurs, en sorte que bientôt les pommes dorées contrastent avec la blancheur des fleurs et la constante verdure des feuilles. Mais si, par des formes élégantes, l'oranger est le premier de nos arbres d'ornement, par son utilité il est plus intéressant encore. Il n'est point de végétaux qui aient un plus grand nombre d'usages en médecine ; il n'est point de fruits dont la saveur et l'odeur soient plus variées et en même temps plus agréables ; et en joignant à ces qualités l'étonnante diversité de formes et de couleurs de ces mêmes fruits, on aura une idée de l'intérêt que doit offrir un ouvrage qui les représente tous.

Cet ouvrage est incontestablement la monographie la plus complète du genre *citrus* qui ait été publiée jusqu'ici. Il contient l'histoire, la classification, la nomenclature et la description de 169 espèces ou variétés d'*orangers*, de *bigaradiers*, de *bergamotiers*, de *limettiers*, de *pompelmouses*, de *lumies*, de *limoniers* et de *cédratiers* ou *citronniers*. Il fait connaître en outre la culture qui leur est propre, tant en serre, sous les climats froids et tempérés, qu'en pleine terre dans le midi. Il indique les remèdes aux maladies qui attaquent ces arbres utiles, les moyens de détruire leurs ennemis, les propriétés économiques et autres qu'ils possèdent, la récolte et les usages des fleurs et des fruits, ainsi que les bonnes méthodes de les confire, etc.

Tels sont les principaux objets qui composent l'*histoire naturelle des orangers* ; elle a été rédigée par deux hommes que leur profession et la position la plus favorable ont mis à même d'approfondir ce sujet : l'on ne peut donc en attendre que des connaissances certaines.

Indépendamment de ces avantages, les figures sont encore une partie très-remarquable de l'ouvrage. Peintes d'après nature par M. Poiteau, botaniste distingué et l'un des auteurs du texte, on peut être assuré qu'elles ne contiennent rien qui ne soit de la plus

parfaite exactitude. Elles sont en outre imprimées et coloriées avec
tant de soin , et leur imitation est si grande , que l'on croit, en les
voyant, respirer le parfum que la nature leur donne. Cet ouvrage est recherché des possesseurs et des cultivateurs d'orangers,
et digne d'occuper une place distinguée dans toutes les biblio-
thèques où l'on se plaît à rassembler des livres, dont l'utilité est
réelle, et où le luxe de l'art est nécessité par l'agrément du sujet.

**FLORA PEDEMONTANA** sive enumeratio methodica
stirpium indigenarum pedemontii, auctore Carolo Al-
lionio. 3 vol. in-f°., dont un de planches , 66 fr.

**MANUEL DES PLANTES MÉDICINALES ,** ou
Description, Usages et Culture des végétaux indigènes employés en médecine; contenant la manière de
les recueillir, de les sécher et de les conserver ; la description des parties que l'on en trouve dans le commerce; les préparations qu'on leur fait subir, et les
doses auxquelles on les administre; leurs propriétés
réelles ou supposées; le temps de leur floraison , de
leur récolte, et les lieux où ils croissent naturelle-
ment; les substitutions qu'on peut en faire et celles
qu'il faut éviter ou craindre; enfin les symptômes et
le traitement des empoisonnemens par ceux qui sont
vénéneux. Par A. GAUTIER , doct. en méd. de la Fac.
de Paris. 1 vol. in-12 de 1140 pag. , avec une figure du
*moulin à fabriquer la farine de graine de lin et l'orge
mondé.* Prix : 10 fr., et 12 fr. 50 c. franc de port.

On remarque dans ce Manuel une indication précise des effets
et de la manière d'agir des plantes, ainsi que des maladies dans
lesquelles ces effets sont salutaires ou dangereux. Il ne sera
pas moins utile aux personnes qui pratiquent la médecine qu'à
celles qui, par un motif de bienfaisance, désirent connaître , employer ou conseiller les plantes. Il convient donc aux curés, aux
dames de charité , etc. Il enseigne à ne plus croire aux propriétés
merveilleuses et imaginaires des plantes dont les anciens livres
sont remplis, et il remplace ces erreurs dangereuses par des connaissances plus exactes, et surtout plus en rapport avec les progrès de la médecine et de la chimie.

Quant à la culture, nous ne connaissons aucun ouvrage sur
les plantes médicinales où l'on puisse trouver des connaissances
aussi complètes, nous ajouterons même aussi sûres et aussi exactes.

**HERBIER MÉDICAL,** ou Collection de Figures représentant les plantes médicinales indigènes. *Supplément
au Manuel des Plantes médicinales* de M. A. GAUTIER,
et à tous les traités de matière médicale, Diction-

naires d'histoire naturelle, et autres ouvrages qui traitent des plantes.

Cette Collection, contient 214 figures de plantes.

Prix : In-12, fig. noires ................................... 15 f.
    Relié en basane ..................................... 16
    In-12, fig. coloriées ................................. 40
    Relié en basane..................................... 41
    In-8. fig. color. (il n'y en a pas de ce format en noir). 50
    Port par la poste, broché........................... 1 f. 25 c.

**LA TOILETTE DES DAMES**, par M^me Elise Voïart
1 v. in-18, avec une jolie gr. 3 f., et 3 f. 50 c. par la poste.

Dans un cadre ingénieux, M^me Elise Voïart a su présenter toutes les ressources d'une cosmétique salutaire, qu'elle a dépouillée de ces recettes dangereuses dont l'effet accélère la ruine de la beauté. Pour répandre sur son sujet un intérêt soutenu, elle a tracé l'esquisse historique de la toilette, et raconté une foule d'anecdotes curieuses, que sa plume a rendues plus piquantes.

**LES PIGEONS DE VOLIÈRE ET DE COLOMBIER**, ou Histoire naturelle et Monographie des Pigeons domestiques, renfermant la nomenclature et la description de toutes les races et variétés constantes, connues jusqu'à ce jour; la manière d'établir des colombiers et volières; d'élever, soigner les pigeons, etc., etc.; dédiée à S. A. R. Madame, Duchesse de Berry; par MM. Boitard et Corbié. 1 vol. in-8°, orné de 25 figures de pigeons peints en couleur par M. Boitard. Prix, fig. noires, 6 f.; fig. color., 12 fr.; papier vélin satiné, fig. coloriées, 24 fr.

**TRAITÉ DES OISEAUX DE CHANT**, des pigeons de volière, du perroquet, du faisan, du cygne et du paon. 1 vol. in-12, orné de 38 fig. d'oiseaux, 3 fr., et 3 fr. 75 par la poste.

Tout ce qu'il est nécessaire de savoir pour la conduite des VOLIÈRES est enseigné dans ce petit Traité.

**LE VIGNOLE DE POCHE**, ou Mémorial des artistes, des propriétaires et des ouvriers, contenant les règles des cinq ordres d'architecture de Jacques Barozzio de Vignole, avec 30 planches; par M. Thierry fils, architecte graveur. Prix, 4 fr., et 4 fr. 50 c. par la poste.

Cet ouvrage est refait à neuf, et contient de plus que toutes les éditions données jusqu'à présent, les profils détaillés de chaque ordre. On a ajouté un tableau de l'ordonnance intérieure des bâtimens, indiquant tous les détails des proportions à donner aux *vestibules, antichambres, salles, salons, chambres, cabinets, escaliers, épaisseur des murs, portes, croisées, cheminées, fours, cours, écuries, remises, étables, bergeries, colombiers, granges, etc.*

**DU BEAU DANS LES ARTS D'IMITATION**, avec un examen raisonné des productions des diverses écoles de peinture et de sculpture, et en particulier de celles de France; par M. Kératry, 2 vol. in-12, papier fin, 4 figures, 10 fr. Port par la poste 1 fr. 50 c.

L'auteur rattachant son sujet à des idées élevées de philosophie, dont il avait déposé le germe dans son ouvrage si connu des *Inductions*, est parvenu à accroître l'intérêt d'une matière qui déjà possède par elle-même le droit de fixer l'attention du public. Le précepte et l'exemple se succèdent et se fortifient tour à tour sous sa plume. Toutes les belles questions qui tiennent, soit à la pratique, soit à la théorie des arts, sont agitées par M. Kératry; et toutes, après avoir été développées dans une suite de tableaux variés, reçoivent la même et unique solution; savoir : que le beau, dans la peinture et la sculpture, l'éloquence et la poésie, n'a d'autre source que le beau dans la morale. Cet aperçu neuf donne un caractère particulier au livre de M. Kératry, qui n'a pas redouté de se montrer plus d'une fois en dissidence avec le célèbre Burke, l'abbé Dubos, Raphaël Mengs et Winckelmann.

Cet ouvrage est orné de 4 très-jolies figures, gravées par Bovinet, Beyer, Pigeot, Manceau, d'après les dessins de Droz et Duviviez.

**ŒUVRES DE CANOVA**, recueil de gravures au trait, d'après ses statues et ses bas-reliefs, exécutées par M. Réveil ; accompagné d'un texte explicatif sur chacune de ses compositions, d'après les jugemens des meilleurs critiques, et précédé d'un essai sur sa Vie et ses Ouvrages; par M. H. De La Touche.

Cet Ouvrage a été publié en 20 livraisons, de 5 planches chacune, qui sont en vente. L'édition sur papier vélin satiné est imprimée chez M. Firmin Didot. Le prix de chaque livraison, très-grand in-8o, sur papier nom de Jésus, est de 4 fr.

On desirait un recueil complet de dessins, d'après les marbres de Canova : le vœu des artistes et des connaisseurs est rempli; ce recueil, dont les gravures sont exécutées avec une grande perfection, fait suite aux *Annales du Musée et de l'Ecole moderne des Beaux-Arts*, dont il est le supplément indispensable, quoiqu'il soit exécuté sur un plus grand format et avec une sorte de magnificence.

**HISTOIRE DE LA MUSIQUE**; par M^me de Bawr, 1 vol. in-12, fig. 4 fr., et 5 fr. par la poste.

**ESSAI SUR LA DANSE ANTIQUE ET MODERNE;**

par M^me Elise VOÏART, 1 vol. in-12, fig. 4 fr. et 5 fr.
par la poste.

On a beaucoup écrit sur la Musique et sur la Danse, mais jamais
on n'avait su tracer l'histoire de ces arts d'agrément dans un cadre
instructif et amusant. Mesdames de Bawr et Elise Voïart ont atteint
ce but avec le plus grand succès.

RÉCRÉATIONS CHIMIQUES, ou Recueil d'expériences curieuses et instructives que l'on peut faire
facilement, à peu de frais et sans danger : auxquelles
on a joint une explication raisonnée des divers phénomènes ; les applications dont ils sont susceptibles
dans l'économie domestique ou dans les arts ; le détail des divers amusemens que l'on peut en tirer pour
étonner et surprendre agréablement ; enfin un *Précis
élémentaire de chimie*, à l'usage des personnes qui
n'ont aucune teinture de cette science. Ouvrage traduit
de l'anglais, entièrement refondu et augmenté du
double ; par J. C. Herpin, professeur des sciences physiques ; membre de la Société royale académique des
sciences de Paris, etc., etc.

> Heureux ceux qui se divertissent en s'instruisant !
> FÉNÉLON, *Télémaque*, liv. 1.

2 vol. in-8, avec planches , 12 fr., et 15 fr. par la poste.

Cet ouvrage jouit du même succès que les *Récréations Physiques et Mathématiques de Guyot* dont, indépendamment de
son utilité particulière, il forme l'indispensable complément.

LE NÉCESSAIRE DU PERCEPTEUR DES CONTRIBUTIONS DIRECTES, ou Tableaux progressifs,
par douzièmes, des taxes de ces contributions, depuis 5 c. jusqu'à 10,000 fr.; ouvrage utile aux contribuables , et au moyen duquel on connaît, sans aucun
calcul, pour toutes les taxes et à telle époque que ce
puisse être , le montant des douzièmes échus exigibles
par le percepteur , 2 f. , et 2 fr. 25 c. par la poste.

L'ART DU MENUISIER en bâtimens et en meubles,
extrait en partie de l'ouvrage de ROUBO, et orné de
nouvelles figures représentant les ordres et ornemens
d'architecture, ainsi que des meubles et décorations
de boiseries, avec les détails de leur construction ; accompagné de notions sur la géométrie, de tables de
conversion des mesures anciennes et métriques, et
d'élémens d'architecture en ce qui concerne la déco-

ration. Seconde édition; 2 vol. in-12, contenant 66 planches. 7 fr 50 c,, et 8 fr. 50 c. par la poste.

On se tromperait si on croyait que cet excellent abrégé est destiné seulement aux menuisiers : il est aussi nécessaire aux personnes qui veulent utiliser leur industrie et leur adresse.

**L'ART DE FAIRE, A PEU DE FRAIS, LES FEUX D'ARTIFICE** pour les fêtes de famille; par M L. E. A. *Troisième édition.* 1 vol. in-12, avec 10 planches, 1 fr. 80 c. et 2 f. 25 c. par la poste.

Cet ouvrage contient aussi la description de l'art de fabriquer le salpêtre et la poudre.

**RECUEIL DES PLUS JOLIS JEUX DE SOCIÉTÉ,** 1 vol. in-12, fig., 2 fr., et par la poste, 2 fr. 50 c.

**PRINCIPES DE LOGIQUE, ou Art de penser, de RHETORIQUE, de VERSIFICATION, de LECTURE A HAUTE VOIX, et de DÉCLAMATION; par M. CŒURET DE ST.-GEORGES, avocat. 1 vol. in-18. 3 fr., et 3 fr. 50 c. par la poste.**

Dans ce petit volume, écrit avec élégance et rapidité, l'auteur a trouvé le moyen, avec quelques définitions simples et claires, et quelques exemples tirés de nos meilleurs écrivains, de mettre à la portée des personnes les moins appliquées une science du nombre de celles qui coûtent des années d'ennuyeux travaux. M. de St.-Georges termine son volume par un traité de versification et de déclamation, non pour engager les dames à devenir auteurs ou actrices, mais pour leur apprendre à mieux goûter les œuvres de nos bons poëtes, et à les faire valoir par le charme de leur débit. Cet ouvrage fait partie de l'*Encyclopédie des Dames.*

**COURS DE LITTERATURE ANCIENNE, extrait de LAHARPE, et dégagé des parties les plus abstraites; par madame DE BAWR. 2 vol. in-18, bro. 6 f., et 7 f. par la poste.**

**GEORGIQUES FRANÇAISES, poëme, par M. le baron de la Bergerie. Paris, 1804, 2 vol. in-8, 8 fr.**

**LA VIERGE D'ARDUENE, traditions gauloises, ou esquisse des mœurs et dès usages de la nation avant l'ère chrétienne; par Mad. Elise Voïart, 2ᵐᵉ édition, 1 vol. in-8 avec 2 fig., prix 6 fr. 50 c.**

**LE LANGAGE DES FLEURS, par madame Charlotte de Latour, deuxième édition, considérablement aug-**

mentée; 1 vol. in-18, orné de 15 gravures, exécutées dans une perfection inconnue jusqu'à ce jour.

In-18, figures noires, broché....................... 6 f.
— Cartonné par Bradel........................... 7
— Figures coloriées , broché...................... 12
— Cartonné...................................... 13
— Relié en veau , doré sur tranches.............. 15

Un exemplaire , imprimé in-12 , sur peau de vélin, auquel on
a joint les jolis dessins originaux , peints en couleur par M. Bessa ,
richement relié en maroquin , avec étui, 600 fr.

L'idée ingénieuse de chercher dans les fleurs d'une prairie l'ex-
pression de nos pensées , a déjà fourni le sujet de plusieurs ouvrages ; mais il était réservé à notre auteur de nous en donner
les élémens, en sorte que nous pouvons désormais compter une
nouvelle langue. Cet ouvrage qui , par son agrément, est plus
particulièrement destiné aux dames , a encore l'avantage d'offrir
une foule de traits curieux et de recherches pleines d'intérêt. Les
dessins dont il est orné sont d'une si grande perfection, qu'ils
peuvent servir de modèles, et ne sont jusqu'à présent compara-
bles à rien de ce qui a été fait en ce genre.

**ATLAS UNIVERSEL** de Géographie ancienne et moderne , dressé par M. Perrot. 1 vol. in-18 broché
8 fr. , relié ou cartonné 9 fr.

Cet *Atlas en miniature* fait partie de l'Encyclopédie des dames. Les cartes sont gravées avec une si grande finesse de burin
et offrent une telle netteté, que l'on a pu y faire entrer autant
de détails que si elles eussent été exécutées sur un format plus
grand. Il contient 29 cartes coloriées, savoir : *Sphère ; Carte
physique ; Tableau comparatif* de la hauteur des principales
montagnes de la terre ; *Monde connu des anciens ; Grèce ancienne ; Empire Romain*, en deux feuilles; *Empire de Charlemagne ; Mappemonde ; Europe ; France* par provinces; *France*
par départemens ; *Suède, Norwège et Danemarck ; Russie ; Iles
britanniques ; Europe centrale ; Pays-Bas ; Suisse ; Espagne
et Portugal ; Italie ; Turquie ; Asie ; Inde ; Afrique ; Égypte ;
Amérique,* en deux feuilles; *Antilles ; Océanique.*

**LE GUIDE DU VOYAGEUR** ou Itinéraire instructif
ET AMUSANT ,

Contenant, sur chaque lieu par où l'on passe , ou qui avoisine
la route, 1° la description topographique ; 2° les distances et celle
de Paris en lieues et en postes ; 3° l'histoire ancienne et moderne,
et les anecdotes qui s'y rapportent ; 4° des notes sur les hommes
célèbres qui y sont nés, ou qui l'ont habité ; 5° les productions du
sol, l'industrie des habitans, le commerce ; 6° l'indication des
établissemens publics, monumens, promenades, spectacles et cu-
riosités de tous genres.

Chaque route forme 1 vol. in-18. Celles qui suivent sont en vente.



MONTMORENCY, voyage, anecdotes, 1 vol. in-18, orné d'une carte de la vallée. Prix : 1 fr. 50 c. et 1 fr. 80 c. par la poste.

Cet ouvrage, plein de souvenirs littéraires et philosophiques, est aussi piquant qu'instructif. C'est un *Cicerone* que doivent choisir tous les Etrangers et tous les Parisiens qui voudront entreprendre un pèlerinage à *Montmorency*. Ce sera un souvenir pour ceux qui l'ont fait, et ceux qui ne peuvent le faire en réalité, pourront au moins suivre de loin l'anonyme spirituel qui a tracé aux amis de la campagne et aux admirateurs de l'auteur d'*Emile*, l'itinéraire de ces lieux si agréables.

HISTOIRE DE CLOVIS, de ses Successeurs et des Maires du Palais ; Précédée d'un Précis sur la Gaule avant Clovis ; par madame SOPHIE DE MARAISE. 1 vol. in-18, fig. 3 f., et 3 f. 50 c. par la poste. Pap. vél., 6 f.

On saura gré à M<sup>me</sup> de Maraise d'avoir établi beaucoup d'ordre et de clarté dans l'histoire un peu confuse de ces premiers siècles et d'avoir fait sortir des réflexions salutaires du récit des crimes et des malheurs de ces temps.

HISTOIRE DE CHARLEMAGNE, commençant à l'avénement de Pépin au trône ; par M<sup>me</sup> DE BAWR. 1 v. in-18. fig. 3 fr., et 3 fr. 50 c. par la poste. Pap. vélin, 6 fr.

M<sup>me</sup> de Bawr, dans cet ouvrage, avait une tâche à remplir aussi brillante que difficile ; elle s'en est acquittée avec le plus grand succès.

HISTOIRE DE SAINT-LOUIS, Roi de France, par DeBury, nouv. édition, revue avec soin. Paris, 1817, 1 vol. in-12, orné de 2 jolies grav. et de 3 portraits, papier vélin. 6 fr.

HISTOIRE DE LOUIS XII, Roi de France, par A. L.
Delaroche ; Paris , 1817, 1 vol. in-12, orné de 2 jo-
lies grav., de 2 portr. et d'un *fac simile* de l'écriture de
Louis XII, 3 f.—Pap. vél., 6 fr. Port par la poste, 1 fr.

MEMOIRES PARTICULIERS , contenant l'HISTOIRE
DE LA CAPTIVITÉ DE LA FAMILLE ROYALE A LA TOUR DU
TEMPLE. In-8°., figures. 2 fr. 50 c., et 3 fr. par la poste.

*FAC SIMILE* DU TESTAMENT DE LOUIS XVI, et d'écrits
de M<sup>me</sup> Elisabeth, de la Reine et du jeune Louis XVII,
avec une Notice historique ; in-4°., 2 fr., et 2 fr. 25 c.
par la poste.

*Fac simile* du Testament de La Reine. 1 fr. 25 c.,
et 1 fr. 50 c. par la poste.

SUPPLÉMENT A LA NOTICE HISTORIQUE SUR LE TESTAMENT
DE LA REINE; in-4°., 2 fr. 50 c., et 3 fr. par la poste.

40 PORTRAITS DES PRINCIPAUX ORATEURS DE
LA CHAMBRE DES DEPUTÉS , suivis d'une courte
notice sur tous les Membres qui composent la session
de 1819 — 1820, avec deux vues coloriées de la salle
des séances, et un tableau statistique, indiquant la place
occupée par chaque Député. 1 vol. grand. in-8., 8 fr.,
et 8 fr. 50 c. par la poste.

RELATION HISTORIQUE DES MALHEURS DE LA
CATALOGNE , ou Mémoires de ce qui s'est passé à
Barcelone en 1821 , pendant que la fièvre jaune y a
exercé ses ravages ; suivis de pièces officielles commu-
niquées par MM. les préfets, les consuls, les intendans
et les médecins de la Catalogne et des Pyrénées orientales; par M. HENRY, archiviste de la préfecture des
Pyrénées orientales, 1 vol. in-8, avec 2 grav. Prix,
6 fr. et 7 fr. 50 c. franc de port par la poste.

DE L'ÉTAT CIVIL, et des Améliorations dont il est
susceptible; par M. Hutteau d'Origny, avocat, maire
du cinquième arrondissement de Paris, etc. Paris, 1824.
1 vol. in-8°. 7 fr., et 9 fr. par la poste.

---

PARIS. — A. PIHAN DELAFOREST ,
Imprimeur de Monsieur le Dauphin et de la Cour de Cassation,
rue des Noyers , n° 37.